高等学校测绘工程系列教材

数字测图原理与方法
习题和实验

（第二版）

潘正风 程效军 成枢 王腾军 宋伟东 邹进贵 编著

武汉大学出版社

图书在版编目(CIP)数据

数字测图原理与方法习题和实验/潘正风等编著.—2版.—武汉:武汉大学出版社,2009.8(2013.7重印)
高等学校测绘工程专业核心教材
ISBN 978-7-307-07051-6

Ⅰ.数… Ⅱ.潘…[等] Ⅲ.数字化制图—高等学校—教学参考资料 Ⅳ.P283.7

中国版本图书馆 CIP 数据核字(2009)第 079651 号

责任编辑:王金龙　　　责任校对:王　建　　　版式设计:支　笛

出版发行:武汉大学出版社　（430072　武昌　珞珈山）
（电子邮件:cbs22@whu.edu.cn 网址:www.wdp.com.cn）
印刷:荆州市鸿盛印务有限公司
开本:787×1092　1/16　印张:6.5　字数:175 千字　插表:5
版次:2005 年 10 月第 1 版　　2009 年 8 月第 2 版
　　2013 年 7 月第 2 版第 4 次印刷
ISBN 978-7-307-07051-6/P·149　　定价:15.00 元

版权所有,不得翻印;凡购买我社的图书,如有质量问题,请与当地图书销售部门联系调换。

目 录

第一部分 习题 1
一、绪论 1
二、测量坐标系和高程 1
三、测量误差基本知识 2
四、水准测量和水准仪 4
五、角度、距离测量与全站仪 5
六、卫星定位与全球定位系统(GPS) 6
七、控制测量 6
八、地形图基本知识 10
九、碎部测量 11
十、计算机地图绘图基础 13
十一、大比例尺数字地形图测绘 14
十二、数字地形图的应用 14
十三、地籍图与房产图测绘 15
十四、地下管线图测绘 16
十五、路线测量 17

第二部分 实验 19
一、实验课的一般要求 19
二、水准仪的认识及使用 21
三、普通水准测量 24
四、四等水准测量 25
五、二等水准测量 26
六、DS3 水准仪的检验与校正 28
七、光学经纬仪的认识及使用 29
八、全站仪的认识及使用 30
九、方向法水平角观测 31
十、DJ6 光学经纬仪的检验与校正 32
十一、经纬仪测绘法测绘地形图 34
十二、数字测图数据采集 35

第三部分　电子测量仪器使用说明 ……………………………… 37
一、DNA03 电子水准仪 …………………………………………… 37
二、DINI12 电子水准仪 …………………………………………… 44
三、Nikon DTM800 全站仪 ……………………………………… 50
四、索佳 SET500/ SET500S/SET600/SET600S 全站仪 ……… 55
五、SET22D 全站仪 ………………………………………………… 61
六、TC（R）402/403/405/407 全站仪 ………………………… 71
七、拓普康 GTS-600 系列全站仪 ……………………………… 74
八、全站仪电池的使用 …………………………………………… 81

第四部分　数字地形图测量规定 ……………………………… 82
一、图根控制测量 ………………………………………………… 82
二、地形测量 ……………………………………………………… 83

第五部分　控制测量计算程序（C++）参考 ………………… 88
一、角度以度分秒单位化为弧度 ………………………………… 88
二、坐标正算 ……………………………………………………… 88
三、坐标反算 ……………………………………………………… 89
四、导线方位角的计算 …………………………………………… 90
五、导线坐标的计算 ……………………………………………… 91
六、前方交会的计算 ……………………………………………… 91
七、后方交会的计算 ……………………………………………… 92
八、边长交会计算 ………………………………………………… 95
九、法方程式系数阵求逆 ………………………………………… 96
十、多边形面积计算 ……………………………………………… 97
十一、坐标相似变换计算 ………………………………………… 97

第一部分 习 题

一、绪 论

(1) 测绘学研究的对象和任务是什么？
(2) 简述数字测图的发展概况。
(3) 学习本课程应达到哪些要求？

二、测量坐标系和高程

(1) 什么是水准面？水准面有何特性？
(2) 何谓大地水准面？它在测量工作中有何作用？
(3) 何谓地球参考椭球？何谓总地球椭球？
(4) 测量工作中常用哪几种坐标系？它们是如何定义的？
(5) 测量工作中采用的平面直角坐标系与数学中的平面直角坐标系有何不同之处？画图说明。
(6) 何谓高斯投影？高斯投影为什么要分带？如何进行分带？
(7) 高斯平面直角坐标系是如何建立的？
(8) 应用高斯投影时，为什么要进行距离改化和方向改化？
(9) 地球上某点的经度为东经 $112°21'$，求该点所在高斯投影 $6°$ 带和 $3°$ 带的带号及中央子午线的经度。
(10) 若我国某处地面点 P 的高斯平面直角坐标值为：
 $x = 3\ 102\ 467.28 \text{m}, y = 20\ 792\ 538.69 \text{m}$，问：
① 该坐标值是按几度带投影计算求得的？
② P 点位于第几带？该带中央子午线的经度是多少？P 点在该带中央子午线的哪一侧？
③ 在高斯投影平面上 P 点距离中央子午线和赤道各为多少米？
(11) 什么叫绝对高程？什么叫相对高程？
(12) 根据"1956 年黄海高程系"算得地面上 A 点高程为 63.464m，B 点高程为 44.529m。若改用"1985 国家高程基准"，则 A、B 两点的高程各应为多少？
(13) 用水平面代替水准面，地球曲率对水平距离、水平角和高程有何影响？
(14) 已知由 A 点至 B 点的真方位角为 $68°13'14''$，而用罗盘仪测得磁方位角为 $68.5°$，试求 A 点的磁偏角。
(15) 已知 A 点至 B 点的真方位角为 $179°53'$，A 点的子午线收敛角为 $+1°05'$，试求 A 点至 B 点的坐标方位角。
(16) 已知 A 点的磁偏角为 $-1°35'$，子午线收敛角为 $-7°25'$，A 点至 B 点的坐标方位角为269°00′,求 A 点至 B 点的磁方位角。

(17) 如图2-1所示,写出计算∠1、∠2、∠3的方位角下标符号。

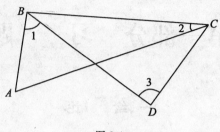

图 2-1

∠1 = α____ - α____
∠2 = α____ - α____
∠3 = α____ - α____

(18) 如图2-2所示,已知 AB 坐标方位角 α_{AB} = 357°32′48″,水平角值如下:

α = 41°54′38″
β = 97°28′55″
γ = 54°33′16″
δ = 104°55′47″

试求坐标方位角 $\alpha_{AC}, \alpha_{BC}, \alpha_{AD}, \alpha_{BD}$。

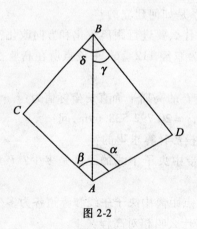

图 2-2

三、测量误差基本知识

(1) 产生测量误差的原因有哪些?

(2) 测量误差分哪几类?它们各有什么特点?测量中对它们的主要处理原则是什么?

(3) 偶然误差有哪些特性?

(4) 何谓标准差、中误差、极限误差和相对误差?各适用于何种场合?

(5) 对某一三角形的三个内角重复观测了9次,定义其闭合差 $\Delta = \alpha + \beta + \gamma - 180°$,其结果如下:$\Delta_1$ = +3″,Δ_2 = -5″,Δ_3 = +6″,Δ_4 = +1″,Δ_5 = -3″,Δ_6 = -4″,Δ_7 = +3″,Δ_8 =

$+7''$, $\Delta 9 = -8''$;求此三角形闭合差的中误差 m_Δ 以及三角形内角的测角中误差 m_β。

(6) 对某个水平角以等精度观测 4 个测回,观测值列于表 3-1。计算其算术平均值、一测回的中误差和算术平均值的中误差。

表 3-1

次序	观测值 l	$\Delta l/('')$	改正值 $v/('')$	计算 $\bar{x}, m, m_{\bar{x}}$
1	55°40′47″			
2	55°40′40″			
3	55°40′42″			
4	55°40′46″			

(7) 对某段距离,用测距仪测定其水平距离 4 次,观测值列于表 3-2。计算其算术平均值、算术平均值的中误差及其相对中误差。

表 3-2

次序	观测值 l	$\Delta l/\text{mm}$	改正值 v/mm	计算 $\bar{x}, m_{\bar{x}}, \dfrac{m_{\bar{x}}}{\bar{x}}$
1	346.522			
2	346.548			
3	346.538			
4	346.550			

(8) 在一个平面三角形中,观测其中两个水平角 α 和 β,其测角中误差均为 $\pm 20''$,计算第三个角 γ 及其中误差 m_γ。

(9) 量得一圆形地物的直径为 64.780m $\pm$ 5mm,求圆周长度 S 及其中误差 m_S。

(10) 量得某一矩形场地长度 $a = 156.34\text{m} \pm 0.10\text{m}$,宽度 $b = 85.27\text{m} \pm 0.05\text{m}$,计算该矩形场地的面积 F 及其面积中误差 m_F。

(11) 已知三角形三个内角 α、β、γ 的中误差 $m_\alpha = m_\beta = m_\gamma = \pm 8.5''$,定义三角形角度闭合差为:$f = \alpha + \beta + \gamma - 180°$,$\alpha' = \alpha - f/3$;求 $m_{\alpha'}$。

(12) 已知用 J6 经纬仪一测回测角的中误差 $m_\beta = \pm 8.5''$,采用多次测量取平均值的方法可以提高观测角精度,如欲使所测角的中误差达到 $\pm 6''$,需要观测几测回?

(13) 已知 $h = D\sin\alpha + i - v$,$D = 100\text{m}$,$\alpha = 15°30'$;
$m_D = \pm 5.0\text{mm}$,$m_\alpha = \pm 5.0''$,$m_i = m_v = \pm 1.0\text{mm}$,计算中误差 m_h。

(14) 何谓不等精度观测?何谓权?权有何实用意义?

(15) 设三角形三个内角为 α、β、γ,已知 α、β 的权分别为 4、2,α 角的中误差为 $\pm 9''$,
① 根据 α、β 计算 γ 角,求 γ 角的权;
② 计算单位权中误差 m_0;
③ 求 β、γ 角的中误差 m_β、m_γ。

四、水准测量和水准仪

(1) 简述水准测量的原理。
(2) 水准测量时,转点的作用是什么?
(3) 地球曲率和大气折光对水准测量有何影响?
(4) 如何抵消或削弱球气差?
(5) 水准仪由哪些主要部分构成?各起什么作用?
(6) 测量望远镜由哪些主要部分构成?各有什么作用?
(7) 何谓视准轴?
(8) 何谓视差?如何消除视差?
(9) 何谓水准管轴?何谓圆水准轴?
(10) 何谓水准管的分划值?水准管的分划值与其灵敏度的关系如何?
(11) 带有光学测微器的水准仪,其光学测微器由哪些部件组成?
(12) 简述带有光学测微器的水准仪的测微工作原理。
(13) 自动安平水准仪的特点有哪些?其自动安平的原理如何?
(14) 水准尺的种类有哪些?尺垫有何作用?
(15) 简述使用水准仪的基本操作步骤。
(16) 电子水准仪与水准管水准仪和自动安平水准仪的主要不同点是什么?
(17) 简述电子水准仪几何法读数原理。
(18) 什么是水准测量的测站检核?其目的是什么?经过测站检核后,为何还要进行路线检核?
(19) 水准测量时为何要使前后视距离尽量相等?
(20) 水准测量中应注意哪些问题?
(21) 水准测量的主要误差来源有哪些?
(22) 水准仪应满足哪些条件?
(23) 何谓水准仪的 i 角?试述 i 角检验的一种方法。
(24) A、B 两点相距80m,水准仪置于 AB 中点,观测 A 尺上读数 $a = 1.246$m,观测 B 尺上读数 $b = 0.782$m;将水准仪移至 AB 延长线上的 C 点,BC 长为10m,再观测 A 尺上读数 $a' = 2.654$m,观测 B 尺上读数 $b' = 2.278$m,试求:
① 该水准仪的 i 角值(算至0.1″);
② 水准仪在 C 点时,A 尺上的正确读数(算至毫米)。
(25) 水准尺的检验工作有哪些?
(26) 何谓水准仪的交叉误差?交叉误差对高差的影响是否可以用前后视距离相等的方法消除?为什么?
(27) 进行水准测量时,设 A 为后视点,B 为前视点,后视水准尺读数 $a = 1.124$m,前视水准尺读数 $b = 1.428$m,问 A、B 两点的高差为多少?已知 A 点的高程为20.016m,问 B 点的高程为多少?
(28) 三、四等水准测量中,为何要规定"后前前后"的操作次序?
(29) 在施测一条水准路线时,为何要规定用偶数个测站?
(30) 按表4-1中水准测量数据计算各高差中数。

表 4-1

测站编号	后尺 下丝 上丝 后距 视距差 d	前尺 下丝 上丝 前距 ∑d	方向及尺号	标尺读数 黑面	标尺读数 红面	K+黑减红	高差中数	备考
1	2176 1473	2367 1649	后 56 前 55 后-前	1824 2009	6512 6798			55号尺 $K=4787$
2	1956 1110	2050 1214	后 55 前 56 后-前	1533 1632	6321 6317			56号尺 $K=4687$
3	1351 0565	1351 0551	后 56 前 55 后-前	0958 0951	5645 5739			

五、角度、距离测量与全站仪

（1）什么是水平角？简述水平角测量原理。

（2）什么是竖直角？简述竖直角测量原理。

（3）经纬仪由哪些主要部分组成？各有什么作用？

（4）经纬仪分哪几类？何谓光学经纬仪？何谓电子经纬仪？

（5）简述光学经纬仪读数设备中测微器的原理。

（6）简述编码度盘测角系统的测角原理。

（7）简述光栅度盘测角系统的测角原理。

（8）安置经纬仪时，为什么要进行对中和整平？

（9）水平角观测方法有哪些？各适用于何种条件？

（10）试述方向法观测水平角的步骤。

（11）方向观测法中有哪些限差？

（12）何谓竖盘指标差？在竖角观测中如何消除指标差？

（13）角度观测为何要用正、倒镜观测？

（14）水平角观测的主要误差来源有哪些？如何消除或削弱其影响？

（15）经纬仪的主要轴线需要满足哪些条件？

（16）何谓经纬仪的横轴倾斜误差？说明其对水平方向的影响。

（17）何谓经纬仪的竖轴倾斜误差？说明其对水平方向的影响。

（18）如何进行经纬仪的常规检验和校正？

（19）写出钢尺尺长方程式，说明各符号的意义。

（20）钢尺量距的成果整理步骤有哪些？

（21）试述视距法测距的基本原理。

（22）光电测距仪的基本原理是什么？光电测距成果整理时，要进行哪些改正？

(23) 试述光电测距的主要误差来源及其影响。
(24) 何谓光电测距的加常数和乘常数？
(25) 光电测距仪应进行哪些项目的检定？
(26) 何谓全站仪？其具有哪些特点？
(27) 何谓全自动全站仪？其基本原理如何？
(28) 三角高程测量的基本原理是什么？
(29) 试述三角高程测量的误差来源及其减弱措施。
(30) 整理表5-1、表5-2中角度观测记录，并计算相应的角值。

表5-1　　　　　　　　　水平角观测记录（测回法）

测站	竖盘位置	目标	水平度盘读数 ° ′ ″	半测回角值 ° ′ ″	一测回平均角值 ° ′ ″	略图
B	左	C	347 16 30			
		A	48 34 24			
	右	C	167 15 42			
		A	228 33 54			

表5-2　　　　　　　　　竖直角观测记录

测站	目标	竖盘位置	竖盘读数 ° ′ ″	指标差 ″	半测回竖直角值 ° ′ ″	一测回竖直角值 ° ′ ″	备注
A	B	左	72 18 18				
		右	287 42 00				
A	C	左	96 32 48				
		右	263 27 36				

六、卫星定位与全球定位系统（GPS）

(1) 简述GPS全球定位系统的组成以及各部分的作用。
(2) 简述GPS卫星定位的原理及其优点。
(3) 何谓伪距单点定位？何谓载波相位相对定位？
(4) GPS测量中有哪些误差来源？
(5) 简述实时动态定位（RTK）的工作原理。
(6) 何谓GPS控制网的同步观测环和独立观测环？

七、控 制 测 量

(1) 控制测量的目的是什么？
(2) 测量工作应遵循的组织原则是什么？
(3) 建立平面控制网的方法有哪些？建立高程控制网的方法有哪些？
(4) 何谓国家平面控制网？何谓城市平面控制网？
(5) 简述控制测量的一般作业步骤。

（6）何谓坐标正、反算？试分别写出其计算公式。

（7）何谓导线测量？它有哪几种布设形式？试比较它们的优缺点。

（8）何谓三联脚架法？它有何优点？简述其外业工作的作业程序。

（9）试述导线测量内业计算的步骤。试比较支导线、附合导线、闭合导线计算的异同点。

（10）图7-1所示为一附合导线，起算数据及观测数据如下：

起算数据： $x_B = 200.000\text{m}$ $x_C = 155.372\text{m}$ $\alpha_{AB} = 45°00'00''$

$y_B = 200.000\text{m}$ $y_C = 756.066\text{m}$ $\alpha_{CD} = 116°44'48''$

观测数据：$\beta_B = 120°30'00''$

$\beta_2 = 212°15'30''$ $D_{B2} = 297.26\text{m}$

$\beta_3 = 145°10'00''$ $D_{23} = 187.81\text{m}$

$\beta_C = 170°18'30''$ $D_{3C} = 93.40\text{m}$

① 试计算导线各点的坐标及导线全长相对闭合差；

② 若在导线两端已知点 B、C 上均未测连接角，试按无定向附合导线计算 P_2、P_3 点的坐标。

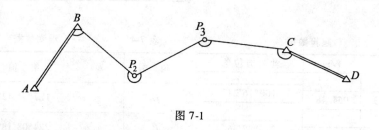

图 7-1

（11）图7-2所示为一直伸等边附合导线，其导线边长均为300m，每条边的相对中误差为1:5 000，测角中误差为±30″，试计算：

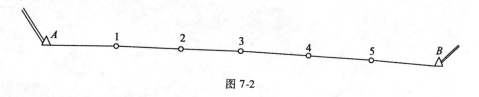

图 7-2

① 导线纵、横向闭合差的中误差；

② 导线全长闭合差的中误差以及导线最弱点的点位中误差。

（12）何谓交会测量？常用的交会测量方法有哪些？各适用于什么情况？

（13）何谓前方交会？何谓后方交会？何谓危险圆？何谓测边交会？何谓自由设站？

（14）如图7-3所示为一前方交会，试计算 P 点的坐标。起算数据和观测数据分别列于表7-1和表7-2中。

（15）如图7-4所示，A、B 两点为已知点。试用前方交会计算交会点 P 的坐标。起算数据和观测数据见表7-3和表7-4。

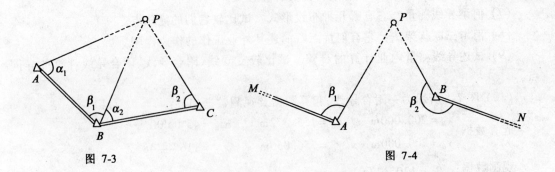

图 7-3　　　　　　　　　　　图 7-4

表 7-1　　起算数据

点名	X/m	Y/m
A	3 646.35	1 054.54
B	3 873.96	1 772.68
C	4 538.45	1 862.57

表 7-2　　观测数据

角号	角值
α_1	64°03′30″
β_1	59°46′40″
α_2	55°30′36″
β_2	72°44′47″

表 7-3　　起算数据

点名	X/m	Y/m	坐标方位角
M			100°16′24″
A	847.63	954.48	
N			279°38′36″
B	959.78	1 741.18	

表 7-4　　观测数据

角号	角值
β_1	127°41′42″
β_2	224°08′18″

（16）试计算图 7-5 中后方交会点 P 的坐标。起算数据及观测数据见表 7-5 和表 7-6。

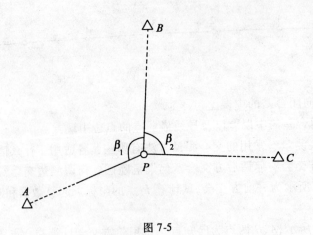

图 7-5

表 7-5		起算数据		表 7-6	观测数据
点 名	X/m		Y/m	角 号	角 值
A	390.64		4 988.00	β_1	151°46′52″
B	3 463.19		8 081.48	β_2	76°57′10″
C	291.84		7 723.18		

（17）试计算图 7-6 中 P 点的坐标。起算数据和观测数据见表 7-7 和表 7-8。

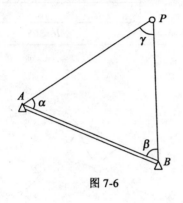 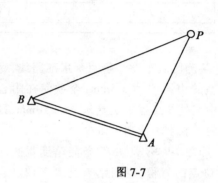

图 7-6　　　　　　　　　　　　　图 7-7

表 7-7	起算数据		表 7-8	观测数据
点 名	X/m	Y/m	角 号	角 值
A	7 520.17	6 604.88	α	44°46′36″
B	5 903.01	8 119.56	β	86°04′05″
			γ	49°09′10″

（18）试计算图 7-7 测边交会中 P 点的坐标。起算数据和观测数据见表 7-9 和表 7-10。

表 7-9	起算数据		表 7-10	观测数据
点 名	X/m	Y/m	边 号	边长/m
A	1 864.82	674.50	S_{AP}	480.98
B	2 153.44	267.35	S_{BP}	657.29

（19）高程控制测量的主要方法有哪些？各有何优缺点？

（20）水准测量路线的布设形式有哪些？各有何优缺点？

（21）图 7-8 为一条附合水准路线，起算数据及观测数据见表 7-11。试计算各水准点的高程。

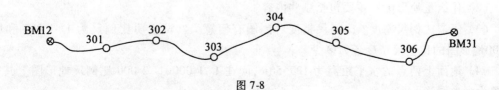

图 7-8

表 7-11

点 名	距 离/km	高 差/m	高 程/m
BM12			73.702
301	0.36	+2.864	
302	0.30	+0.061	
303	0.48	+6.761	
304	0.32	-4.031	
305	0.30	-1.084	
306	0.26	-2.960	
BM31	0.20	+1.040	76.365

(22) 某测区欲布设一条附合水准路线,每千米观测高差的中误差为 ±5mm,今欲使在附合水准路线的中点处的高程中误差 $m_H \leqslant \pm 10$mm,则该水准路线的总长度不能超过多少?

(23) 如图 7-9 所示,由 5 条同精度观测水准路线测定 G 点的高程,观测结果见表 7-12。若以 10km 长路线的观测高差为单位权观测值,试求:

① G 点高程最或然值;
② 单位权中误差;
③ G 点高程最或然值的中误差;
④ 每千米观测高差的中误差。

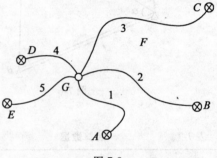

图 7-9

表 7-12

水准路线号	观测高程/m	路线长/km
1	112.814	2.5
2	112.807	4.0
3	112.802	5.0
4	112.817	0.5
5	112.816	1.0

八、地形图基本知识

(1) 何谓地物?何谓地貌?

(2) 什么是地形图?主要包括哪些内容?

(3) 何谓比例尺精度?比例尺精度对测图有何意义?试说明比例尺为 1:1 000 和1:2 000 地形图的比例尺精度各为多少。

(4) 地面上两点的水平距离为 123.56m,问在 1:1 000、1:2 000 比例尺地形图上其长度各为多少厘米?

(5）由地形图上量得某果园面积为896mm²，若此地形图的比例尺为1：5 000，则该果园实地面积为多少平方米？（算至0.1m²）

(6）地形图符号有哪几类？

(7）非比例符号的定位点做了哪些规定？举例说明。

(8）何谓等高线？等高线有何特性？等高线有哪些种类？

(9）什么是等高距？什么是示坡线？什么是等高线平距？

(10）何谓梯形分幅？何谓矩形分幅？其各有何特点？

(11）梯形分幅1：1 000 000比例尺地形图的图幅是如何划分的？如何规定它的编号？

(12）某控制点的大地坐标为东经115°14′24″、北纬28°17′36″，试求其所在1：5 000比例尺梯形图幅的编号。

(13）已知某梯形分幅地形图的编号为J47D006003，试求其比例尺和该地形图西南图廓点的经度与纬度。

(14）试述地形图矩形分幅的分幅和编号方法。

九、碎 部 测 量

(1）何谓碎部测量？

(2）碎部测图的方法有哪些？

(3）简述经纬仪测图法在一个测站上测绘地形图的作业步骤。

(4）何谓数字测图？数字测图与传统测图相比有何特点？

(5）简述全站仪数字测图在一个测站上测绘地形图的作业步骤。

(6）在地形图上表示地物的原则是什么？

(7）地形图上的地物符号分为哪几类？试举例说明。

(8）何谓地性线和地貌特征点？

(9）按图9-1中各碎部点的高程，内插勾绘等高距为1m的等高线。

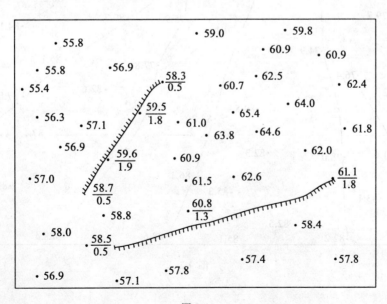

图 9-1

(10) 按图 9-2 中各碎部点的高程，内插勾绘等高距为 1m 的等高线。图中实线表示山脊线，虚线表示山谷线。

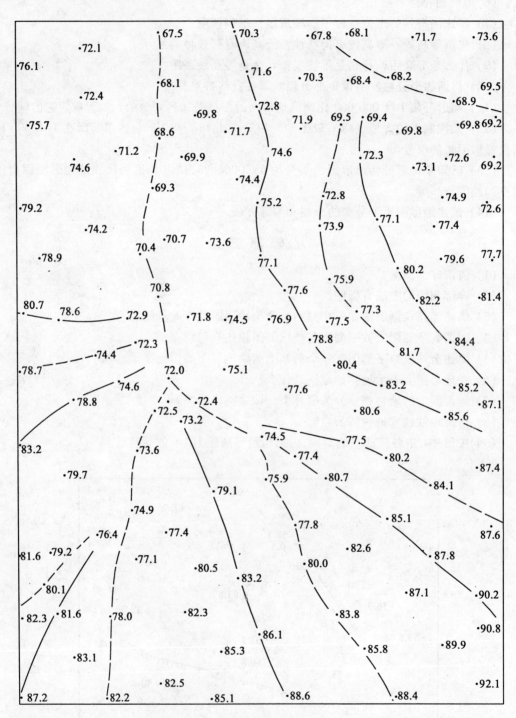

图 9-2

十、计算机地图绘图基础

(1) 1∶1 000 比例尺地形图图幅左下角坐标为(199 500,131 500),右上角坐标为(200 000,132 000),图幅内有一点 P(199 725.53,131 816.48)。当该图幅在计算机屏幕上显示时,设屏幕区域为 1024×768,图幅 X 方向占满屏幕高度,图幅左下角和屏幕左下角重合。试求 P 点的计算机屏幕坐标。

(2) 何谓编码裁剪法?如何判断某一线段全部位于窗口内或全部位于窗口外?

(3) 1∶1 000 比例尺地形图图幅左下角坐标为(199 500,131 500),右上角坐标为(200 000,132 000)。有一线段 AB,A 点坐标为(199 920.36,131 535.66),B 点坐标为(200 050.16,131 465.56)。试求该线段经裁剪后在图幅内的端点坐标。

(4) 简述在计算机地图绘图中,如何建立地形图独立符号库。

(5) 试述地物符号自动绘制中,绘制虚线的方法。

(6) 试述地物符号自动绘制中,在多边形轮廓线内绘制晕线的步骤。

(7) 计算机是如何根据一系列特征点自动绘制曲线的?何谓张力样条曲线?

(8) 实地圆弧用一组等边短直线段来逼近,如果要求在1∶500比例尺地形图上最大误差小于0.05 mm,试写出圆周分段数和半径(单位:mm)之间的关系式。

(9) 根据离散点自动绘制等高线通常采用哪两种方法?试述这两种方法绘制等高线的步骤。

(10) 用三角网法绘制等高线,在三角形构网时为什么要引入地性线?试绘出构网高程点图示说明。

(11) 如何用数字来表示数字图像?

(12) 何谓二值图像?

(13) 试绘出图 10-1 所示二值栅格图像先向左平移一个像元,再向下平移一个像元后的图像。

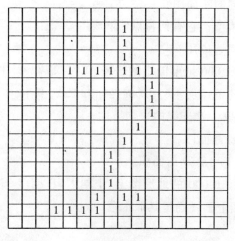

图 10-1

(14) 何谓数字线画地形图？何谓数字栅格地形图？

十一、大比例尺数字地形图测绘

(1) 简述大比例尺数字测图技术设计书应有哪些主要内容？

(2) 大比例尺数字测图中，图根控制测量有什么作用？采用哪些方法进行图根控制测量？

(3) 说明全站仪的半测回观测法是如何消除或减小视准轴误差、横轴误差所产生的水平方向的影响，以及消除或减小竖盘指标差对竖角的影响。

(4) 大比例尺数字测图野外数据采集需要得到哪些数据和信息？

(5) 什么是数字测图的图形信息码？在数字测图野外数据采集过程中如何记录图形信息码？

(6) 图形文件由坐标文件、图块点链文件和图块索引文件构成，试说明它们的内容以及相互间的联系。

(7) 计算机屏幕编辑时，如何平移注记？

(8) 简述大比例尺数字地形图的基本要求。

(9) 如何检查大比例尺数字地形图的平面和高程精度？

(10) 数据库常用的数据模型有哪些？

(11) 什么叫数据库的关系模型？

(12) 数字地形图包括哪些数据？简述它们的数据内容。

(13) 简述用边缘跟踪剥皮法进行线状栅格数据细化的基本思想。

(14) 简述地形图扫描屏幕数字化的作业步骤。

十二、数字地形图的应用

(1) 怎样根据等高线确定地面点的高程？

(2) 怎样绘制已知方向的断面图？

(3) 什么是数字高程模型？它有何特点？

(4) 数字高程模型有哪些应用？

(5) 图12-1为某幅1:1 000地形图中的一格，试完成以下工作：

① 求 A、B、C、D 四点的坐标及 AC 直线的坐标方位角；

② 求 A、D 两点的高程及 AD 连线的平均坡度；

③ 沿 AC 方向绘制一纵断面图；

④ 用解析法计算四边形 $ABCD$ 的面积。

(6) 在图12-2所示1:10 000的地形图上，中间大山谷有一条溪流，所画虚线 AB 处为拟建造桥梁的位置，试在图上画线确定其汇水范围。

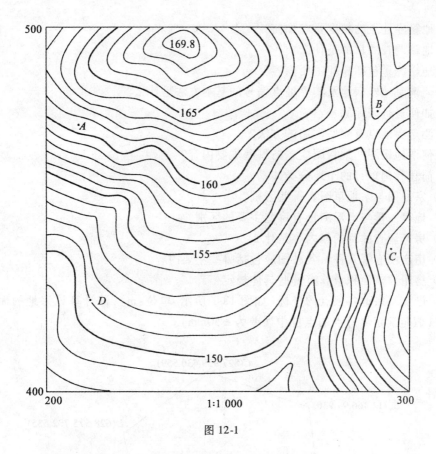

图 12-1

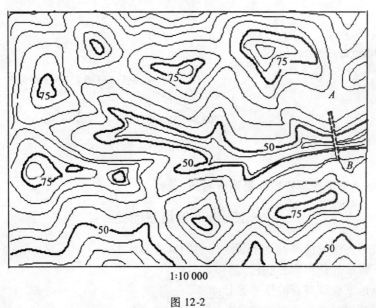

图 12-2

十三、地籍图与房产图测绘

（1）对地籍图根控制有哪些特殊的规定？

15

（2）地籍界址点的精度要求如何？
（3）地籍调查的目的是什么？
（4）地籍测量包括哪些主要内容？
（5）何谓宗地？宗地及其界址点编号的基本方法是什么？
（6）如何进行宗地编号？
（7）测定界址点有哪些常用的方法？
（8）何谓地籍图？地籍图应包括哪些主要内容？
（9）简述我国现行的土地分类体系。
（10）宗地图与宗地草图有哪些区别？
（11）地籍测量与地形测量有哪些主要的区别？
（12）房产调查的目的和内容是什么？
（13）房产图有哪几种？各种图应包括哪些主要内容？
（14）房屋建筑面积量算有哪些具体规定？
（15）已知某宗地各顶点的坐标（如图 13-1 所示，单位：m），试计算该宗地的面积和面积中误差（假定测定界址点的点位中误差为 ±50mm）。

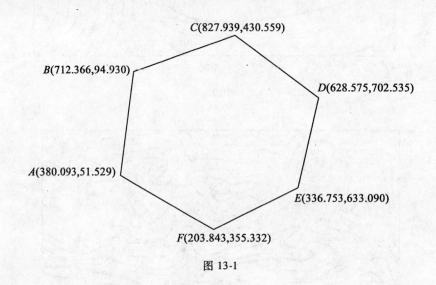

图 13-1

（16）变更地籍调查与初始地籍调查有何区别？

十四、地下管线图测绘

（1）何谓地下管线探测？地下管线探测的目的是什么？
（2）地下管线的种类有哪些？
（3）城市地下管线探查的任务是什么？
（4）地下管线探查的方法有哪些？
（5）何谓地下管线物理探查？它有哪些主要方法？
（6）地下管线测量包括哪些主要内容？
（7）如何测定地下管线特征点？
（8）地下管线的属性数据包括哪些？

(9) 地下管线图分哪两种？测绘地下管线图应注意哪些事项？

(10) 绘制地下管线图纵、横断面图的比例尺有何区别？

十五、路线测量

(1) 哪些场合需要测绘带状地形图？带状地形图的测绘方法有哪些？

(2) 何谓路线中的交点和里程桩？

(3) 测设与地形图测绘的主要区别是什么？

(4) 测设交点的平面点位有哪几种主要方法？

(5) 设有路线中线的交点 M、N（如图 15-1 所示），A、B 为已有的平面控制点，其已知坐标为：

$x_A = 1\ 048.60\text{m}, \quad x_B = 1\ 110.50\text{m}$

$y_A = 1\ 086.30\text{m}, \quad y_B = 1\ 332.40\text{m}$

M、N 的设计坐标为：

$x_M = 1\ 220.00\text{m}, \quad x_N = 1\ 220.00\text{m}$

$y_M = 1\ 100.00\text{m}, \quad y_N = 1\ 300.00\text{m}$

在表 15-1 中计算用极坐标法、距离交会法、角度交会法测设 M、N 点所需的测量数据（角度算至秒，距离算至毫米）。

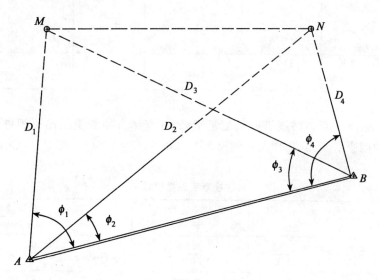

图 15-1

表 15-1　　　　　　　　　　路线交点测设数据计算表

方向	坐标增量/m		边长 D/m	方位角 α	交会角度 ϕ	起始边
	Δx	Δy				
A—B						
B—A						
A—M			D_1		ϕ_1	AB
A—N			D_2		ϕ_2	AB
B—M			D_3		ϕ_3	BA
B—N			D_4		ϕ_4	BA

（6）在路线中线测量中，设某交点的桩号为 2+182.32，测得右偏角 $\alpha=39°15'$，设计圆曲线半径 $R=220$ m。

① 计算圆曲线主点测设元素 T,L,E,J；

② 计算圆曲线主点 ZY，QZ，YZ 桩号；

③ 设交点和圆曲线起点的坐标为 ZY（6 354.618，5 211.539），JD（6 432.840，5 217.480），计算用极坐标测设圆曲线上每隔 20 m 细部点的测设数据。

（7）为什么要进行断面图测量？断面图测量包括哪些主要内容？

（8）根据表 15-2 所列路线纵断面水准测量记录，算出各里程桩高程；并按距离比例尺为 1∶1 000、高程比例尺为 1∶100，在毫米方格纸上绘出路线纵断面图；设计一条坡度为 -1% 的纵坡线，并计算各桩的填土高度和挖土深度。

表 15-2　　　　　　　　　路线纵断面水准测量记录

测站	桩号	水准尺读数			仪器视线高程	点的高程
		后视	中视	前视		
1	BM.1	1.321				47.385
	0+000		1.28			
	0+020		1.64			
	0+040		1.73			
	0+060		1.89			
	0+080			1.900		
2	0+080	1.340				
	0+100		1.92			

（9）根据表 15-3 所列路线横断面测量记录，在毫米方格纸上绘出里程桩号为 0+020 和 0+030.9 的两个横断面图，作图比例尺为 1∶200。

表 15-3　　　　　　　　　路线横断面测量记录

（左）$\dfrac{\text{前视读数}}{\text{至中线距离}}$			$\dfrac{\text{后视读数}}{\text{桩号}}$	（右）$\dfrac{\text{前视读数}}{\text{至中线距离}}$		
$\dfrac{0.21}{20.0}$	$\dfrac{0.81}{7.8}$	$\dfrac{1.32}{2.2}$	$\dfrac{1.54}{0+020.0}$	$\dfrac{1.14}{4.2}$	$\dfrac{2.79}{11.7}$	$\dfrac{2.81}{20.0}$
$\dfrac{0.32}{20.0}$	$\dfrac{0.57}{14.5}$	$\dfrac{1.02}{3.7}$	$\dfrac{1.05}{0+030.9}$	$\dfrac{1.25}{5.5}$	$\dfrac{2.36}{10.4}$	$\dfrac{2.40}{20.0}$

（10）设路线纵断面图上的纵坡设计如下：$i_1=1.5\%$、$i_2=-0.5\%$，变坡点的桩号为 2+360.00，其设计高程为 42.36 m。按 $R=3\ 000$ m 设置凸形竖曲线，计算竖曲线元素 T、L、E 和竖曲线起点和终点的桩号。

第二部分 实 验

一、实验课的一般要求

(一)上课须知

1. 准备工作

(1)上课前应阅读本任务书中相应的部分,明确实验的内容和要求。

(2)根据实验内容阅读教材中的有关章节,弄清基本概念和方法,使实验能顺利完成。

(3)按本任务书中的要求,于上课前准备好必备的工具,如铅笔、小刀等。

2. 要求

(1)遵守课堂纪律,注意聆听指导教师的讲解。

(2)实验中的具体操作应按任务书的规定进行,如遇问题要及时向指导教师提出。

(3)实验中出现的仪器故障必须及时向指导教师报告,不可随意自行处理。

(二)仪器及工具借用办法

(1)每次实验所需仪器及工具均在任务书上载明,学生应以小组为单位于上课前凭学生证向数字测图实验室借领。

(2)借领时,各组依次由1~2人进入室内,在指定地点清点、检查仪器和工具,然后在登记表上填写班级、组号及日期。借领人签名后将登记表及学生证交管理人员。

(3)实习过程中,各组应妥善保护仪器、工具。各组间不得任意调换仪器、工具。若有损坏或遗失,视情节轻重照章处理。

(4)实习完毕后,应将所借用的仪器、工具上的泥土清除干净再交还实验室,由管理人员检查验收后发还学生证。

(三)测量仪器、工具的正确使用和维护

1. 领取仪器时必须检查

(1)仪器箱盖是否关妥、锁好。

(2)背带、提手是否牢固。

(3)脚架与仪器是否相配,脚架各部分是否完好,脚架腿伸缩处的连接螺旋是否滑丝。要防止因脚架未架牢而摔坏仪器,或因脚架不稳而影响作业。

2. 打开仪器箱时的注意事项

(1)仪器箱应平放在地面上或其他台子上才能开箱,不要托在手上或抱在怀里开箱,以免将仪器摔坏。

(2)开箱后未取出仪器前,要注意仪器安放的位置与方向,以免用毕装箱时因安放位置不正确而损伤仪器。

3. 自箱内取出仪器时的注意事项

(1)不论何种仪器,在取出前一定要先放松制动螺旋,以免取出仪器时因强行扭转而损坏制、微动装置,甚至损坏轴系。

(2)自箱内取出仪器时,应一手握住照准部支架,另一手扶住基座部分,轻拿轻放,不要用一只手抓仪器。

(3)自箱内取出仪器后,要随即将仪器箱盖好,以免沙土、杂草等不洁之物进入箱内。还要防止搬动仪器时丢失附件。

(4)取仪器和使用过程中,要注意避免触摸仪器的目镜、物镜,以免玷污,影响成像质量。不允许用手指或手帕等物去擦仪器的目镜、物镜等光学部分。

4. 架设仪器时的注意事项

(1)伸缩式脚架三条腿抽出后,要把固定螺旋拧紧,但不可用力过猛而造成螺旋滑丝。要防止因螺旋未拧紧而使脚架自行收缩而摔坏仪器。三条腿拉出的长度要适中。

(2)架设脚架时,三条腿分开的跨度要适中,并得太拢容易被碰倒,分得太开容易滑开,都会造成事故。若在斜坡上架设仪器,应使两条腿在坡下(可稍放长),一条腿在坡上(可稍缩短)。若在光滑地面上架设仪器,要采取安全措施(例如用细绳将脚架三条腿连接起来),防止脚架滑动摔坏仪器。

(3)在脚架安放稳妥并将仪器放到脚架上后,应一手握住仪器,另一手立即旋紧仪器和脚架间的中心连接螺旋,避免仪器从脚架上掉下摔坏。

(4)仪器箱多为薄型材料制成,不能承重,因此,严禁蹬、坐在仪器箱上。

5. 仪器在使用过程中要做到

(1)在阳光下观测必须撑伞,防止日晒和雨淋(包括仪器箱)。雨天应禁止观测。对于电子测量仪器,在任何情况下均应撑伞防护。

(2)任何时候仪器旁必须有人守护。禁止无关人员拨弄仪器,注意防止行人、车辆碰撞仪器。

(3)如遇目镜、物镜外表面蒙上水汽而影响观测(在冬季较常见),应稍等一会儿或用纸片扇风使水汽散发。如镜头上有灰尘,应用仪器箱中的软毛刷拂去。严禁用手帕或其他纸张擦拭,以免擦伤镜面。观测结束应及时套上物镜盖。

(4)操作仪器时,用力要均匀,动作要准确、轻捷。制动螺旋不宜拧得过紧,微动螺旋和脚螺旋宜使用中段螺纹,用力过大或动作太猛都会造成对仪器的损伤。

(5)转动仪器时,应先松开制动螺旋,然后平稳转动。使用微动螺旋时,应先旋紧制动螺旋。

6. 仪器迁站时的注意事项

(1)在远距离迁站或通过行走不便的地区时,必须将仪器装箱后再迁站。

(2)在近距离且平坦地区迁站时,可将仪器连同三脚架一起搬迁。首先检查连接螺旋是否旋紧,松开各制动螺旋,再将三脚架腿收拢,然后一手托住仪器的支架或基座,一手抱住脚架,稳步行走。搬迁时切勿跑行,防止摔坏仪器。严禁将仪器横扛在肩上搬迁。

(3)迁站时,要清点所有的仪器和工具,防止丢失。

7. 仪器装箱时的注意事项

(1)仪器使用完毕,应及时盖上物镜盖,清除仪器表面的灰尘和仪器箱、脚架上的泥土。

(2)仪器装箱前,要先松开各制动螺旋,将脚螺旋调至中段并使其大致等高。然后一手握住仪器支架或基座,另一手将中心连接螺旋旋开,双手将仪器从脚架上取下放入仪器箱内。

（3）仪器装入箱内要试盖一下，若箱盖不能合上，说明仪器未正确放置，应重新放置，严禁强压箱盖，以免损坏仪器。在确认安放正确后再将各制动螺旋略微旋紧，防止仪器在箱内自由转动而损坏某些部件。

（4）清点箱内附件，若无缺失则将箱盖盖上，扣好搭扣，上锁。

8．测量工具的使用

（1）使用钢尺时，应防止扭曲、打结，防止行人踩踏或车辆碾压，以免折断钢尺。携尺前进时，不得沿地面拖拽，以免钢尺尺面刻画磨损。使用完毕，应将钢尺擦净并涂油防锈。

（2）使用皮尺时应避免沾水，若受水浸，应晾干后再卷入皮尺盒内。收卷皮尺时，切忌扭转卷入。

（3）水准尺和花杆应注意防止受横向压力，不得将水准尺和花杆斜靠在墙上、树上或电线杆上，以防倒下摔断。也不允许在地面上拖拽或用花杆作标枪投掷。

（4）小件工具如垂球、尺垫等，应用完即收，防止遗失。

（四）测量资料的记录要求

（1）观测记录必须直接填写在规定的表格内，不得用其他纸张记录再行转抄。

（2）凡记录表格上规定填写的项目应填写齐全。

（3）所有记录与计算均用铅笔（2H或3H）记载。字体应端正清晰，字高应稍大于格子的一半。一旦记录中出现错误，便可在留出的空隙处对错误的数字进行更正。

（4）观测者读数后，记录者应立即回报读数，经确认后再记录，以防听错、记错。

（5）禁止擦拭、涂改与挖补。发现错误应在错误处用横线画去，将正确数字写在原数上方，不得使原字模糊不清。淘汰某整个部分时可用斜线画去，保持被淘汰的数字仍然清晰。所有记录的修改和观测成果的淘汰，均应在备注栏内注明原因（如测错、记错或超限等）。

（6）禁止连环更改，若已修改了平均数，则不准再改计算得此平均数之任何一原始数。若已改正一个原始读数，则不准再改其平均数。假如两个读数均错误，则应重测重记。

（7）读数和记录数据的位数应齐全，如在普通测量中，水准尺读数0325，度盘读数$4°03'06''$，其中的"0"均不能省略。

（8）数据计算时，应根据所取的位数，按"4舍6入，5前单进双不进"的规则进行凑整。如1.3144，1.3136，1.3145，1.3135等数，若取三位小数，则均记为1.314。

（9）每测站观测结束，应在现场完成计算和检核，确认合格后方可迁站。实验结束后，应按规定每人或每组提交一份记录手簿或实验报告。

二、水准仪的认识及使用

（一）目的

（1）认识DS3微倾式水准仪的基本构造，各操作部件的名称和作用，并熟悉使用方法。

（2）掌握DS3水准仪的安置、瞄准和读数方法。

（3）练习水准测量一测站的测量、记录和高差计算。

（4）了解自动安平水准仪的性能及使用方法。

（5）了解电子水准仪的基本构造及性能。认识各操作键的名称及其功能。

（6）练习用电子水准仪进行水准测量的基本操作方法。

（二）组织

每组4人。

（三）学时

课内 2 学时。

（四）仪器及用具

每组借 DS3 微倾式水准仪（或电子水准仪）1 台、水准尺 1 对、尺垫 2 个，记录板 1 块，测伞 1 把。

（五）实验步骤提要

1. 认识 DS3 微倾式水准仪

了解各操作部件的名称和作用，并熟悉使用方法。

2. DS3 水准仪的使用

水准仪的操作程序为：安置仪器—粗略整平—瞄准水准尺—精确置平—读数。

（1）安置仪器

在测站上打开三脚架，按观测者的身高调节三脚架腿的高度，使三脚架架头大致水平，如果地面比较松软则应将三脚架的三个脚尖踩实，使脚架稳定。然后将水准仪从箱中取出平稳地安放在三脚架头上，一手握住仪器，一手立即用连接螺旋将仪器固连在三脚架头上。

（2）粗平

粗平即初步地整平仪器，通过调节三个脚螺旋使圆水准器气泡居中，从而使仪器的竖轴大致铅垂。在整平的过程中，气泡移动的方向与左手大拇指转动脚螺旋时的移动方向一致。如果地面较坚实，可先练习固定三脚架两条腿，移动第三条腿使圆水准器气泡大致居中，然后再调节脚螺旋使圆水准器气泡居中。

（3）瞄准水准尺

①目镜调焦　将望远镜对着明亮的背景（如天空或白色明亮物体），转动目镜调焦螺旋，使望远镜内的十字丝像十分清晰。

②初步瞄准　松开制动螺旋，转动望远镜，用望远镜筒上方的照门和准星瞄准水准尺，大致进行物镜调焦使在望远镜内看到水准尺像，此时立即拧紧制动螺旋。

③物镜调焦和精确瞄准　转动物镜调焦螺旋进行仔细调焦，使水准尺的分划像十分清晰，并注意消除视差。再转动水平微动螺旋，使十字丝的竖丝对准水准尺或靠近水准尺的一侧。

（4）精平

转动微倾螺旋，从气泡观察窗内看到符合水准器气泡两端影像严密吻合（气泡居中），此时视线即为水平视线。注意微倾螺旋转动方向与符合水准器气泡左侧影像移动的规律。见图 2-1。

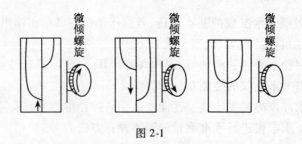

图 2-1

（5）读数

仪器精平后，应立即用十字丝的中丝在水准尺上读数。观测者应先估读水准尺上毫米数（小于一格的估值），然后再将全部读数报出，一般应读出四位数，即米、分米、厘米及毫米数，且以毫米为单位。如 1.568m 应读记为 1568；0.860m 应读记为 0860。

读数应迅速、果断、准确，读数后应立即重新检视符合水准器气泡是否仍旧居中，如仍居中，则读数有效，否则应重新使符合水准气泡居中后再读数。

3. 一测站水准测量练习

在地面选定两点分别作为后视点和前视点，放上尺垫并立尺。在距两尺距离大致相等处安置水准仪，粗平，瞄准后视尺，精平后读数；再瞄准前视尺，精平后读数。数据记录、计算应填入插表1中。

换一人变换仪器高再进行观测，小组各成员所测高差之差不得超过 ±6mm。

4. 自动安平水准仪的认识及使用

自动安平水准仪没有水准管和微倾螺旋。利用圆水准器粗平后，借助自动补偿器的作用可迅速获得水平视线的读数，操作简便，可防止微倾式水准仪在操作中忘记精平的失误。

图 2-2 所示为自动安平水准仪外观，该仪器无制动螺旋，靠摩擦制动，操作过程与 DS3 微倾式水准仪大致相同，无须精平。

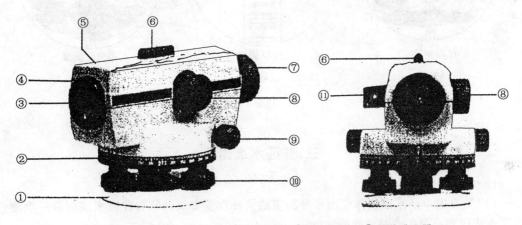

①基座　②度盘　③目镜　④目镜罩　⑤圆水准器　⑥光学瞄准器
⑦物镜　⑧物镜调焦螺旋　⑨水平微动螺旋　⑩脚螺旋　⑪圆水准器观察器

图 2-2　自动安平水准仪

5. 电子水准仪的认识及使用

(1) 认识电子水准仪的基本构造及性能，了解各操作键的名称及其功能。

(2) 练习电子水准仪的安置方法。

(3) 在一个测站上，使用电子水准仪进行高差测量。观测数据记录于插表1中。

（六）注意事项

(1) "自动安平水准仪的认识及使用"可放在课后，由学生到实验中心借用自动安平水准仪，进行操作练习。

(2) 在读数前，注意消除视差；必须使符合水准器气泡居中（微倾式水准仪水准管气泡两端影像符合）。

(3)注意倒像望远镜中水准尺图形与实际图形的变化。

(4)水准仪安放到三脚架上必须立即将中心连接螺旋旋紧,严防仪器从脚架上掉下摔坏。

(5)电子水准仪是一种精密仪器,使用时应遵守操作规程,注意仪器安全。

(6)使用电子水准仪时,应在有足够亮度的地方竖立条码标尺。若条码标尺被障碍物(如树枝)遮挡的总量少于30%,仍可进行测量。图2-3中,(a)、(b)为可以测量的情况;(c)中尽管十字丝中心未被遮挡,但不可以测量。

(7)装卸电池时,必须先关闭电源。

（七）上交资料

各组读数练习记录表一份(见插表1)。

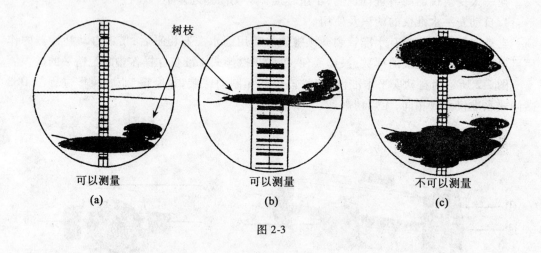

图 2-3

三、普通水准测量

（一）目的

(1)学习用DS3水准仪作普通水准测量的实际作业方法。掌握普通水准测量一个测站的工作程序和一条水准路线的施测方法。

(2)掌握普通水准测量手簿的记录及水准路线闭合差的计算方法。

（二）组织

每组4人。

（三）学时

课内2学时。

（四）仪器及用具

每组借DS3水准仪1台、双面水准尺1对、尺垫2个、记录板1块、测伞1把。

（五）实验步骤提要

(1)由教师指定一已知水准点,选定一条闭合水准路线,其长度以安置8个测站为宜。一人观测,一人记录,两人立尺,施测两个测站后应轮换工种。

(2)普通水准测量施测程序如下:

① 以已知高程的水准点作为后视,在施测路线的前进方向上选取第一个立尺点(转点)作为前视点,水准仪置于距后视点、前视点距离大致相等的位置(用目估或步测),在后视

点、前视点上分别竖立水准尺,转点上应放置尺垫。

② 在测站上,观测员按一个测站上的操作程序进行观测,即:安置—粗平—瞄准后视尺—精平—读数—瞄准前视尺—精平—读数(本次实验可只读水准尺黑面)。

观测员读数后,记录员必须向观测员回报,经观测员默许后方可记入记录手簿(见插表2),并立即计算高差。

以上为第一个测站的全部工作。

③ 第一站结束之后,记录员招呼后标尺员向前转移,并将仪器迁至第二测站。此时,第一测站的前视点便成为第二测站的后视点。

然后,依第一站相同的工作程序进行第二站的工作。依次沿水准路线方向施测直至回到起始水准点为止。

④ 计算闭合水准路线的高差闭合差,$f_h = \sum h_{ij}$,高差闭合差不应大于 $\pm 12\sqrt{n}$(mm),n 为测站数。超限应重测。

(六)注意事项

(1)标尺员应认真将水准尺扶直,各测站的前视、后视距离应尽量相等。

(2)读数前注意消除视差,注意水准管气泡应居中。

(3)同一测站,只能用脚螺旋整平圆水准器气泡居中一次(该测站返工重测应重新整平圆水准器)。

(4)正确使用尺垫,尺垫只能放在转点处,已知水准点和待测点上不得放置尺垫。

(5)仪器未搬迁时,前、后视点上尺垫均不能移动。仪器搬迁了,后视扶尺员才能携尺和尺垫前进,但前视点上的尺垫仍不得移动。

(6)若采用双面尺法,则每一测站黑、红面高差之差不应大于6mm。

(七)上交资料

普通水准测量记录手簿一份(见插表2)。

四、四等水准测量

(一)目的

(1)掌握四等水准测量的观测、记录、计算方法。

(2)熟悉四等水准测量的主要技术指标,掌握测站及水准路线的检核方法。

(二)组织

每组4人。

(三)学时

课内4学时。

(四)仪器及用具

每组借DS3微倾式水准仪1台、双面水准尺1对、尺垫2个、记录板1块、测伞1把。

(五)实验步骤提要

(1)由教师指定一已知水准点,选定一条闭合水准路线,其长度以安置8个测站为宜。一人观测,一人记录,两人立尺,施测两个测站后应轮换工种。

(2)四等水准测量测站观测程序如下:

① 照准后视标尺黑面,读取下丝、上丝读数,精平,读取中丝读数;

② 照准前视标尺黑面,读取下丝、上丝读数,精平,读取中丝读数;

③ 照准前视标尺红面,精平,读取中丝读数;

④ 照准后视标尺红面,精平,读取中丝读数。

这种观测顺序简称为"后前前后"(黑、黑、红、红)。

四等水准测量每站观测顺序也可采用"后后前前"(黑、红、黑、红)的观测程序。观测数据记录在插表3中。

(3)四等水准测量技术要求见表4-1。

表 4-1

视线长度	前 后 视距差	前后视距 累积差	黑红面 读数差	黑红面高差 之差	高差闭 合差
≤80 m	≤5.0 m	≤10.0 m	≤3.0 mm	≤5.0 mm	$\leq \pm 20\sqrt{L}$

L 为水准路线总长,单位为 km。

当测站观测记录完毕,应立即计算并按表4-1中各项限差要求进行检查。若测站上有关限差超限,在本站检查发现后可立即重测。若迁站后检查发现,则应从水准点或间歇点起重新观测。

(4)依次设站,按同法施测,直至全路线施测完毕。

(5)对整条路线高差和视距进行检核,计算高差闭合差。

(六)注意事项

(1)严守作业规定,不合要求者应自觉返工重测。

(2)小组成员的工种轮换应做到使每人都能担任到每一项工种。

(3)测站数应为偶数。要用步测使前后视距离大致相等,在施测过程中,注意调整前后视距离,使前后视距累积差不致超限。

(4)各项检核合格,水准路线高差闭合差在容许范围内方可收测。

(七)上交资料

四等水准测量记录手簿一份(见插表3)。

五、二等水准测量

(一)目的

(1)了解光学精密水准仪 N3(或 Ni004)水准仪及其水准标尺的基本结构,认识水准仪各螺旋的作用,熟悉光学精密水准仪的安置方法。

(2)掌握使用光学精密水准仪在钢瓦水准标尺上读数的方法。

(3)掌握二等水准测量的观测程序。

(二)组织

每组5人。

(三)学时

课内2学时。

(四)仪器及用具

每组借 N3(或 Ni004)水准仪 1 台、水准标尺 1 对、尺垫 2 个、扶杆 4 根、记录板 1 块、测伞 1 把。

（五）实验步骤提要

(1) 熟悉 N3（或 Ni004）精密水准仪各部件的名称及其作用，了解测微器的测微工作原理。

通过观察，了解：当旋进测微螺旋时，平行光学玻璃板是前倾还是后仰？测微器上读数是增加还是减少？微倾螺旋转动方向与符合水准器气泡影像移动方向有何规律？

(2) 了解精密水准标尺的结构特点，掌握在精密水准标尺上读数的方法。

(3) 一测站水准测量练习。

选定相距约 80m 的两点作为后视点和前视点，安放尺垫，扶尺员将标尺在尺垫上立直扶稳；在前、后视距相等处安置仪器。一人观测，一人记录，一人打伞，两人扶尺。

在一个测站上的观测步骤（以往测奇数测站为例）：

① 首先将仪器整平（望远镜绕垂直轴旋转时，符合水准气泡两端影像的分离不得超过 1cm）。

② 望远镜对准后视水准标尺，转动倾斜螺旋使符合水准气泡两端影像符合（分离不得大于 2mm），用下、上视距丝平分水准标尺的相应基本分划读取视距读数。视距读数第四位数由测微器直接读出。读数时标尺分划读数和测微器读数共四个数字要连贯读出。

③ 转动倾斜螺旋使气泡影像精密符合，并转动测微螺旋使楔形丝照准基本分划，读取基本分划和测微器读数。测微器读至整格即可（两位数）。

④ 旋转望远镜照准前视水准标尺，使符合水准气泡两端影像精密符合，用楔形丝照准基本分划并进行读数，然后按下、上视距丝进行视距读数。

⑤ 用楔形丝照准前视水准标尺的辅助分划，转动倾斜螺旋使气泡影像精密符合，进行辅助分划的读数。

⑥ 旋转望远镜照准后视水准标尺的辅助分划，转动倾斜螺旋使气泡影像精密符合，进行辅助分划的读数。

以上所有读数应记录在插表 4 中。

至此，一个测站的观测工作即告结束。以上为往测奇数站的后—前—前—后观测程序，往测偶数测站的观测程序为前—后—后—前。

(4) 技术要求

① 仪器和前后标尺应尽量在一条直线上，前后视距差应小于 1m。

② 观测时要注意消除视差，气泡严格居中，各种螺旋均应以旋进方向终止。

③ 视距读至 1mm，基辅分划读至 0.1mm，基辅高差之差 <0.6mm。上丝与下丝读数的平均值与中丝读数之差 ≤3.0mm。

（六）注意事项

(1) 在读数时，严禁观测员为了通过限差规定而伪造数据。

(2) 记录员必须牢记观测程序，注意不使记录错误。检查观测条件是否合乎规定，限差是否满足要求。

(3) 扶尺员在观测之前必须将标尺立直扶稳。严禁双手脱开标尺，以防摔坏精密水准尺。

（七）上交资料

二等水准测量记录手簿一份（见插表 4）。

六、DS3 水准仪的检验与校正

（一）目的

(1)弄清水准仪各主要轴线之间应满足的几何条件。

(2)了解 DS3 水准仪检验和校正项目。

(3)弄清检验和校正的原理,掌握 DS3 水准仪检验和校正的方法。

（二）组织

每组 4 人。

（三）学时

课内 2 学时。

（四）仪器及用具

每组借 DS3 微倾式水准仪 1 台、水准尺 1 对、尺垫 2 个、校正针 1 根、小螺丝刀 1 把、记录板 1 块、测伞 1 把。

（五）实验步骤提要

1. 弄清水准仪的主要轴线及其应满足的几何条件。

2. DS3 微倾式水准仪检验和校正。

(1)圆水准轴平行于仪器旋转轴的检验与校正

检验方法　安置水准仪后,转动脚螺旋使圆水准器气泡居中,然后将仪器旋转 180°,如果气泡仍居中,则表示该几何条件满足,不必校正,否则须进行校正。

校正方法　水准仪不动,旋转脚螺旋,使气泡向圆水准器中心方向移动偏移量的一半,然后先稍松动圆水准器底部的固定螺丝,按整平圆水准器的方法,分别用校正针拨动圆水准器底部的三个校正螺丝,使圆气泡居中。

重复上述步骤,直至仪器旋转至任何方向圆水准气泡都居中为止。最后,把底部固定螺丝旋紧。

(2)十字丝横丝垂直于仪器旋转轴的检验与校正

检验方法　安置水准仪整平后,用十字丝横丝一端瞄准一明显标志,拧紧制动螺旋,缓慢地转动微动螺旋,如果标志始终在横丝上移动,则表示十字丝横丝垂直于仪器旋转轴,否则需要校正。

校正方法　旋下目镜端十字丝环外罩,用小螺丝刀松开十字丝环的四个固定螺丝,按横丝倾斜的反方向小心地转动十字丝环,使横丝水平(转动微动螺旋,标志在横丝上移动)。再重复检验,直至满足条件为止。最后固紧十字丝环的固定螺丝,旋上十字丝环外罩。

(3)水准管轴平行于视准轴的检验与校正

检验方法:

①在平坦地面上选择相距约 80m 的 A、B 两点(可打下木桩或安放尺垫)。

②将水准仪安置于距 A、B 两点等距处,分别在 A、B 两点上竖立水准尺,读数为 a_1 和 b_1,求得 A、B 两点间正确高差为:

$$h_{AB} = a_1 - b_1$$

为确保观测的正确性,可用两次仪器高法(或双面尺法)测定高差 h_{AB},若两次测得高差之差不超过 3mm,则取平均值作为 A、B 两点间正确高差。

③将水准仪搬到靠近 B 点处(距 B 点约 3m),测得 A、B 点水准尺读数分别为 a_2、b_2,则

A、B 间高差 h'_{AB} 为：

$$h'_{AB} = a_2 - b_2$$

若 $h'_{AB} = h_{AB}$，则表明水准管轴平行于视准轴，几何条件满足；若 $h'_{AB} \neq h_{AB}$，则 h'_{AB} 中有 i 角的影响。如果 i 角超过 $\pm 20''$，则需要进行校正。计算 i 角公式为：

$$i = \frac{h'_{AB} - h_{AB}}{D_{AB}} \cdot \rho''$$

式中，D_{AB} 为 A、B 两点间的距离。

校正方法：水准仪不动，计算 i 角对 A 点尺读数的影响 x_A 和视线水平时 A 点尺上应有的正确读数 a'_2，即

$$x_A = \frac{i}{\rho} D_A, \quad a'_2 = a_2 - x_A$$

式中：D_A 为仪器至 A 点尺距离。

校正方法有两种：

①校正水准管　瞄准 A 尺，旋转微倾螺旋，使十字丝中丝对准尺上的正确读数 a'_2，此时符合水准气泡不居中，但视准轴已水平。

用校正针拨动位于目镜端的水准管上、下两个校正螺丝，使符合水准气泡居中。此时，水准管轴也处于水平位置，达到了水准管轴平行于视准轴的要求。

校正时，应先稍松动左右两个校正螺丝。校正完毕后，应将左右两个校正螺丝固紧。

②校正十字丝　卸下十字丝分划板外罩，用校正针拨动上、下两个校正螺丝，移动横丝使其对准 A 点尺上的正确读数 a'_2。校正时要保持水准管气泡居中，最后旋上十字丝分划板外罩。

对于自动安平水准仪，做此项检校时，只能采用校正十字丝的方法。

（六）注意事项

（1）检验、校正项目要按规定的顺序进行，不能任意颠倒。

（2）转动校正螺丝时应先松后紧，每次松紧的调节范围要小。校正完毕，校正螺丝应处于稍紧状态。

（七）上交资料

每组上交一份水准仪检验与校正记录（见插表5）。

七、光学经纬仪的认识及使用

（一）目的

（1）认识 DJ6、DJ2 光学经纬仪的基本结构及主要部件的名称和作用。

（2）掌握 DJ6、DJ2 光学经纬仪的基本操作和读数方法。

（二）组织

每组2人。

（三）学时

课内2学时。

（四）仪器及用具

每组借 DJ6（或 DJ2）光学经纬仪1台。

（五）实验步骤提要

（1）DJ6光学经纬仪的认识及使用

① 认识DJ6（DJ2）光学经纬仪的各操作部件，掌握使用方法。

② 学会用脚螺旋及水准管整平仪器。

③ 在一个指定点上，练习用光学对中器对中、整平经纬仪的方法。

④ 练习用望远镜精确瞄准目标。掌握正确的调焦方法，消除视差。

⑤ 学会DJ6光学经纬仪的读数方法。读数记录于插表6中。

⑥ 练习配置水平度盘的方法。

（2）DJ2光学经纬仪的认识及使用

① 认识T2光学经纬仪的构造和各部件的名称、作用。

② 练习T2光学经纬仪的安置方法，掌握用光学对中器对中、整平经纬仪的方法。

③ 练习用T2光学经纬仪照准目标。注意消除视差。

④ 练习T2光学经纬仪的重合法读数方法，两次重合读数差不得大于3″。读数记录于插表6中。

⑤ 练习T2光学经纬仪配置水平度盘的方法。

⑥ 利用换像手轮使读数窗内出现竖盘影像，按一下支架上的补偿器按钮后，读出竖盘读数。

（六）注意事项

（1）实验课前要认真阅读《数字测图原理与方法（第二版）》教材中的有关内容。

（2）将经纬仪由箱中取出并安放到三脚架上时，必须是一只手握住经纬仪的一个支架，另一只手托住基座的底部，并立即旋紧中心连接螺旋，严防仪器从脚架上掉下摔坏。

（3）安置经纬仪时，应使三脚架架头大致水平，以便能较快地完成对中、整平操作。

（4）操作仪器时，应用力均匀。转动照准部或望远镜时，要先松开制动螺旋，切不可强行转动仪器。旋紧制动螺旋时用力要适度，不宜过紧。微动螺旋、脚螺旋均有一定的调节范围，宜使用中间部分。

（5）在三脚架架头上移动经纬仪完成对中后，要立即旋紧中心连接螺旋。

（6）使用带分微尺读数装置的DJ6光学经纬仪，读数时应估读到0.1′，即6″，故读数的秒值部分应是6″的整倍数。

（7）使用DJ2光学经纬仪用十字丝照准目标的最后一瞬间，水平微动螺旋的转动方向应为旋进方向。旋转测微手轮使度盘对径分划线重合时，测微手轮的转动方向在对径分划线重合时的最后一瞬间应为旋进方向。

（8）注意DJ2级光学经纬仪的实际精度，对读数与计算均取至秒，而不取0.1″。

（9）竖盘读数，应在竖盘指标自动归零、补偿器正常工作、竖盘分划线稳定而无摆动时读取。

（七）上交资料

上交水平度盘读数记录表（见插表6）。

八、全站仪的认识及使用

（一）目的

（1）了解全站型电子速测仪的基本结构与性能以及各操作部件的名称和作用。

（2）掌握全站型电子速测仪的基本操作方法。

（二）组织

每组4人。

（三）学时

课内2学时。

（四）仪器及用具

每组借全站仪（包括棱镜、棱镜杆、脚架）1套、记录板1块、测伞1把。

（五）实验步骤提要

(1) 了解全站仪的基本结构与性能及各操作部件的名称和作用（见第三部分）。

(2) 了解全站仪键盘上各按键的名称及其功能、显示符号的含义并熟悉使用方法。

(3) 掌握全站仪的安置方法。在一个测站上安置全站仪，练习水平角、竖角、距离及坐标的测量。观测数据记录于插表7。

（六）注意事项

(1) 全站仪是目前结构复杂、价格昂贵的先进测量仪器之一，在使用时必须严格遵守操作规程，十分注意爱护仪器。

(2) 必须及时将中心螺旋旋紧。

(3) 在阳光下使用全站仪测量时，一定要撑伞遮掩仪器，严禁用望远镜对准太阳。

(4) 在装卸电池时，必须先关断电源。

(5) 迁站时，即使距离很近，也必须取下全站仪装箱搬运，并注意防震。

（七）上交资料

上交全站仪测量记录表（见插表7）。

九、方向法水平角观测

（一）目的

掌握用全站仪（或DJ2光学经纬仪）按方向观测法测水平角的方法及记录、计算方法，了解各项限差。

（二）组织

每组2人。在一个测站上，一人观测一人记录。

（三）学时数

课内2学时，课外2学时。

（四）仪器及用具

每组借全站仪（或DJ2光学经纬仪）1台、记录板1块、测伞1把。

（五）实验步骤提要

在一个测站上对4个目标做两测回的方向法观测。

(1) 一测回操作顺序为：

上半测回，盘左，零方向水平度盘读数应配置在比0°稍大的读数处，从零方向开始，顺时针依次照准各目标，读数，归零并计算上半测回归零差。

下半测回，盘右从零方向开始，逆时针依次照准各目标，读数，归零并计算下半测回归零差。

若半测回归零差和一测回内$2c$较差不超过限差规定，则对每一个方向计算盘左、盘右读数的平均值，因为零方向有始、末两个方向值，再取平均数作为零方向的最后方向观测值。

计算归零后各方向的一测回方向值。零方向归零后的方向值为0°00′00″,将其他方向的盘左、盘右平均值减去零方向的方向观测值,就得到归零后各方向的一测回方向值。

(2)进行第二测回观测时,操作方法和步骤与上述相同,仅是盘左零方向要变换水平度盘位置,应配置在比90°稍大的读数处。

(3)若同一方向各测回方向值互差不超过限差规定,则计算各测回平均方向值。

所有读数均应当场记入方向法观测手簿中(见插表8)。

(4)方向法观测的各项限差如表9-1所示。

表9-1　　　　　　　　　　方向法观测的限差

经纬仪型号	光学测微器两次重合读数差	半测回归零差	一测回内2c较差	同一方向各测回较差
DJ1	1	6	9	6
DJ2	3	8	13	9
DJ6	—	18	—	24

(六)注意事项

(1)要旋紧中心连接螺旋和纵轴固定螺旋,防止仪器事故。

(2)应选择距离稍远、易于照准的清晰目标作为起始方向(零方向)。

(3)为避免发生错误,在同一测回观测过程中,切勿碰动水平度盘变换手轮,注意关上保护盖。

(4)记录员听到观测员读数后必须向观测员回报,经观测员默许后方可记入手簿,以防听错而记错。

(5)手簿记录、计算一律取至秒。

(6)观测过程中,若照准部水准管气泡偏离居中位置,其值不得大于1格。同一测回内若气泡偏离居中位置大于一格则该测回应重测。不允许在同一个测回内重新整平仪器。不同测回,则允许在测回间重新整平仪器。

(七)上交资料

每人上交一份合格的两测回方向法观测记录(见插表8)。

十、DJ6 光学经纬仪的检验与校正

(一)目的

(1)加深对经纬仪主要轴线之间应满足条件的理解。

(2)掌握 DJ6 经纬仪的室外检验与校正的方法。

(二)组织

每组2人。

(三)学时

课内2学时。

（四）仪器及用具

每组借 DJ6 光学经纬仪 1 台、记录板 1 块、皮尺 1 把、校正针 1 根、小螺丝刀 1 把。自备 2H 铅笔、直尺。

（五）实验步骤提要

(1) 了解经纬仪主要轴线应满足的条件，弄清检验原理。

(2) 照准部水准管轴垂直于竖轴的检验与校正。

① 检验方法　先将仪器大致整平，转动照准部使水准管与任意两个脚螺旋连线平行，转动这两个脚螺旋使水准管气泡居中。

将照准部旋转 180°，如气泡仍居中，说明条件满足；如气泡不居中，则需进行校正。

② 校正方法　转动与水准管平行的两个脚螺旋，使气泡向中心移动偏离值的一半。用校正针拨动水准管一端的上、下校正螺丝，使气泡居中。

此项检验和校正需反复进行，直至水准管旋转至任何位置时水准管气泡偏离居中位置不超过 1 格。

(3) 十字丝竖丝垂直于横轴的检验与校正。

① 检验方法　整平仪器，用十字丝竖丝照准一清晰小点，固定照准部，使望远镜上下微动，若该点始终沿竖丝移动，说明十字丝竖丝垂直于横轴；否则，条件不满足，需进行校正。

② 校正方法　卸下目镜处的十字丝护盖，松开四个压环螺丝，微微转动十字丝环，直至望远镜上下微动时，该点始终在纵丝上为止。然后拧紧四个压环螺丝，装上十字丝护盖。

(4) 视准轴垂直于横轴的检验与校正。

① 检验方法　整平仪器，选择一个与仪器同高的目标点 A，用盘左、盘右观测。盘左读数为 L'、盘右读数为 R'，若 $R' = L' \pm 180°$，则视准轴垂直于横轴，否则需进行校正。

② 校正方法　先计算盘右瞄准目标点 A 应有的正确读数 R：

$$R = R' + c = \frac{1}{2}(L' + R' \pm 180°)，视准轴误差 c = \frac{1}{2}(L' - R' \pm 180°)$$

转动照准部微动螺旋，使水平度盘读数为 R，旋下十字丝环护罩，用校正针拨动十字丝环的左、右两个校正螺丝使其一松一紧（先略放松上、下两个校正螺丝，使十字丝环能移动），移动十字丝环，使十字丝交点对准目标点 A。

检校应反复进行，直至视准轴误差 c 在 $\pm 60''$ 内。最后将上、下校正螺丝旋紧，旋上十字丝环护罩。

(5) 横轴垂直于竖轴的检验。

检验方法　在离墙 20～30m 处安置仪器，盘左照准墙上高处一点 P（仰角 30°左右），放平望远镜，在墙上标出十字丝交点的位置 m_1；盘右再照准 P 点，将望远镜放平，在墙上标出十字丝交点位置 m_2。如 m_1、m_2 重合，则表明条件满足；否则需计算 i 角：

$$i = \frac{d}{2D \cdot \tan\alpha} \cdot \rho''$$

式中：D 为仪器至 P 点的水平距离，d 为 m_1、m_2 的距离，α 为照准 P 点时的竖角，$\rho'' = 206265''$。

当 i 角大于 60″时，应校正。由于横轴是密封的，且需专用工具，故此项校正应由专业仪器检修人员进行。

（六）注意事项

(1) 实验课前，各组要准备几张画有十字线的白纸，用做照准标志。

（2）要按实验步骤进行检验、校正，不能颠倒顺序。在确认检验数据无误后，才能进行校正。

（3）每项校正结束时，要旋紧各校正螺丝。

（4）选择检验场地时，应顾及视准轴和横轴两项检验，既可看到远处水平目标，又能看到墙上高处目标。

（5）每项检验后应立即填写经纬仪检验与校正记录表（见插表9）中相应项目。

（七）上交资料

每人上交一份经纬仪检验与校正记录表（见插表9）。

十一、经纬仪测绘法测绘地形图

（一）目的

掌握用经纬仪测绘法测绘大比例尺地形图的作业方法。

（二）组织

每组4人。

（三）学时

课内2学时。

（四）仪器及用具

（1）每组借DJ6经纬仪1台、小平板1块（带脚架）、视距尺1根、铁花杆1根、皮尺（30m）1把、小钢卷尺（2m）1把、量角器1块、记录板1块。

（2）各组领聚酯薄膜1张、小针1根。自备4H或3H铅笔、橡皮、三角板和计算器。

（五）实验步骤提要

本实验测图比例尺为1∶500。

（1）在指定测区内选择一通视良好的点A作为测站（假定测站A的高程$H_A = 23.89m$），在测站A安置经纬仪，量取仪器高（量至厘米）。

（2）选择较远一地面点B作为起始方向（零方向），在B点竖立铁花杆作为照准标志。经纬仪盘左照准B点并将水平度盘配置为$0°00'00''$。

（3）在测站旁安置小平板，在图纸上适当位置定出A点，画出AB方向线（只需画出能在量角器上读数的一小段），用小针将量角器圆孔中心钉在A点。

（4）标尺员按一定路线选择地形特征点并竖立视距尺，观测员瞄准标尺读出视距、中丝读数、水平度盘读数和竖盘读数。记录员记入插表10。

（5）记录员算出水平距离、高程并报告给绘图员。

（6）绘图员转动量角器，使零方向线对准量角器上一刻画线，使量角器上的读数等于水平度盘读数，再按水平距离定出碎部点位置。碎部点位置用点表示，在点的右侧标注其高程。

（7）同法测出其余碎部点，及时绘出地物，勾绘等高线。对照实地进行检查。

（8）按地形图图式的要求，描绘地物和地貌，并进行图面整饰。

（六）注意事项

（1）经纬仪竖盘指标差不得超过±1′，否则应校正仪器。

（2）当测站周围碎部点测绘完毕，应及时对经纬仪进行归零检查，归零差应不大于4′。

（3）注意量角器的正确使用方法。注记字头朝北。计算工作应尽可能采用可编程计算器。

（4）小组成员轮流担任观测员、绘图员、标尺员、记录员等工种。在测站上应边测、边算、边绘,掌握施测地形碎部点的最佳工作顺序。

（5）因为小组携带的仪器、工具较多,所以要注意保管,防止丢失或损坏。

（七）上交资料

每人上交碎部测量记录表（见插表10）和1:500地形图一张。

十二、数字测图数据采集

（一）目的

了解数字测图数据采集的作业过程,掌握用全站仪进行大比例尺地面数字测图数据采集的作业方法。

（二）组织

每组4人。

（三）学时

课内4学时。本实验分为2个单元:第一单元2学时,完成碎部点坐标测量和记录;第二单元2学时,在计算机上进行碎部点的编码、地物特征点的连接和图形的显示。

（四）仪器及用具

下列两组仪器,根据采用的数据采集方法选用其中一组:

（1）借全站仪（包括脚架、棱镜、棱镜杆）1套,记录板1块,小钢尺（2m）1把。

（2）借全站仪（包括脚架、棱镜、棱镜杆）1套,掌上电脑（PDA）1部,记录板1块,小钢尺（2m）1把。

（五）实验步骤提要

第一单元 数据采集

1. 用全站仪+掌上电脑（PDA）进行数据采集

测量时,一位同学观测仪器,一位同学持掌上电脑,一位同学持棱镜,一位同学绘制草图。草图上需标注碎部点点号（与仪器显示的点号对应）及属性。

（1）安置全站仪 对中整平,量取仪器高,检查中心连接螺旋是否旋紧。

（2）连接设备 将掌上电脑和全站仪用通信电缆连接。

（3）打开全站仪电源。

（4）打开掌上电脑电源,运行数字测图程序。

（5）新建（打开）工程文件。

（6）输入测站点和定向点的坐标、高程。

（7）选择仪器 根据小组所用仪器进行选择,必要时可选择手工输入。

（8）定向 在对话框中输入仪器高,选择控制点,按定向按钮即可。

（9）碎部测量 在对话框中输入棱镜高和相应的参数、选择属性、连接方式等,即可开始测量。

（10）归零检查 每测站数据采集结束后,应进行归零检测,归零差不得大于1′。

（11）用PDA在现场显示所测地物的图形,进行检查。

2. 用全站仪进行数据采集

用全站仪进行数据采集可采用三维坐标测量方式。测量时,应有一位同学绘制草图。

草图上须标注碎部点点号(与仪器显示的点号对应)及属性。

(1)安置全站仪　对中整平,量取仪器高,检查中心连接螺旋是否旋紧。

(2)打开全站仪电源。

(3)新建(打开)工程文件。

(4)输入测站点和定向点的坐标、高程。

(5)定向　输入仪器高,选择控制点,按定向按钮即可。

(6)测定各碎部点的三维坐标,记录所测点的坐标,记录时应注意输入点号和编码。

全站仪自动记录碎部点的信息,内容包括:点号、X 坐标、Y 坐标、高程 H 和编码,并存放于当前工程文件中。

第二单元　数据传输及图形显示

外业数据采集后,应将全站仪内工程文件中的数据传输至计算机,形成数据文件。该原始数据文件应通过专用软件转换成坐标文件格式。在 Auto CAD 环境下,导入坐标文件,参照草图直接在屏幕上连线成图。也可使用数字地形图成图软件,将全站仪内工程文件中的数据导入成图软件。

掌上电脑(PDA)中带有属性数据的文件可直接导入相应的数字地形图成图软件中。

(六)注意事项

(1)在作业前应做好准备工作,给全站仪和掌上电脑的电池充足电。

(2)使用全站仪时,应严格遵守操作规程,注意爱护仪器。

(3)外业数据采集后,应及时将全站仪或掌上电脑送实验中心,将原始数据文件输入计算机。用电缆连接全站仪和电脑时,应小心稳妥地连接。

(4)控制点数据和数字地形图成图软件由指导教师提供。

(5)小组每个成员应轮流操作,掌握在一个测站上进行外业数据采集的操作方法。

(七)上交资料

各组在实验结束后提交原始数据文件和图形文件。

第三部分 电子测量仪器使用说明

一、DNA03 电子水准仪

1. 各部件名称(图 1-1)

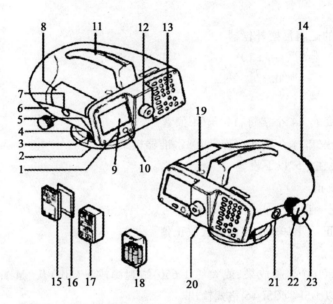

1. 开关 2. 底盘 3. 脚螺旋 4. 水平度盘 5. 电池盖操作杆 6. 电池仓 7. 开 PC 卡槽盖按钮
8. PC 卡槽盖 9. 显示屏 10. 圆水准器 11. 带有粗瞄器的提把 12. 目镜 13. 键盘 14. 物镜
15. GEB111 电池(选件) 16. PCMCIA 卡(选件) 17. GEB121 电池(选件) 18. 电池适配器 GAD39；6 节干电池(选件) 19. 圆水准器进光管 20. 外部供电的 RS232 接口 21. 测量按钮 22. 调焦螺旋
23. 无限位水平微动螺旋(水平方向)

图 1-1

2. 主要技术参数

(1) 高程测量

每公里往返测中误差

电子测量　　±0.3mm(铟瓦尺)　　±1.0mm(标准尺)

光学测量　　±2.0mm

(2) 距离测量

中误差　　±5mm/10m

电子测距范围

标尺长度 = 3m　　　　　1.8 ~ 110m　　　推荐的 3m 铟瓦标尺　1.8 ~ 60m
标尺长度 = 2.7m　　　　1.8 ~ 100m　　　标尺长度 = 1.82m/2m　1.8 ~ 60m
简便测量的测量时间　　典型 3 秒

(3) 望远镜

放大倍率　　　　24×　　　　物镜自由孔径　　　36mm
孔径角　　　　　2°　　　　　视场　　　　　　　3.5m at 100 m
最短标尺距离　　0.6m　　　　乘常数　　　　　　100
加常数　　　　　0

(4) 水准仪灵敏度

圆水准器　　　　　　8′/2mm

(5) 补偿器

用电子跟踪的磁阻尼摆补偿器
倾斜角　　　　　　　~ ±10′
居中精度　　　　　　0.3″

(6) 显示

LCD　8 行,每行 24 个字符,144×64 像素
照明　节电模式/永久模式/只照明圆水准器模式
加热　开/关在 -5° 以下设置

(7) 测量值改正

i 角误差改正　自动
地球曲率改正　开/关;水准仪检验改正值

(8) 记录

内存　约 6 000 个测量成果,或大约 1 650 站观测成果(BF)从"Measure & Record"经 RS232 串行接口以 GSI-8/GSI-16 格式输出

数据备份　PCMCIA 卡(闪存卡,SRAM),可达 32MB

(9) 温度范围　-20 ~ +50℃

(10) 磁场灵敏度

在野外磁场强度为 0μT 到 ±400mμT[4 高斯]范围且不变的情况下,对视准差(i 角)的影响为 δ1″

(11) 电池(NiMH)

	电压	容量	工作时间
GEB111	6V	1 800mAh	12h
GEB121	6V	3 600mAh	24h

3. 操作键及其功能(图 1-2)

(1) 固定键

INT　打开碎部测量键

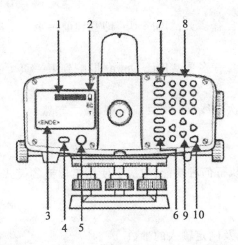

1. 聚焦(黑条表示该栏为活动栏) 2. 符号 3. 软按键 4. 电源开关键 5. 圆水准器 6. 固定键(左边一列键,具有固定功能的按键) 7. 固定键(第二功能,用[Shift]加固定键启动第二功能) 8. 输入键(输入数字、字母和特殊字符) 9. 定位键(功能的变化与应用有关) 10. 回车键

图 1-2

MODE　设置测量模式键

USER　用户自定义键,功能菜单中的任意一项功能都可定义给它

PROG　测量程序键

DATA　数据管理器 ESC　一步步退出测量程序、功能或修改模式,恢复原来的参数,取消/停止测量键

SHIFT　开关第二功能键(SET OUT,INV,FNC,MENU,LIGHTING,PgUp,PgDn,≪Back,INS),转换输入数字或字母

EC　删除字符或信息,取消或停止测量

◢ 确认输入,继续下一栏

(2)组合键

SET OUT

SHIFT INT　启动放样

INV

SHIFT MODE　测量翻转标尺(标尺 0 刻度在上),只要 INV 被激活,仪器显示"T"符号,再按"INV"键恢复测量正常标尺状态,反转标尺测量值为负

FNC

SHIFT USER　启动测量的一些支持功能

MENU

SHIFT PROG　仪器设置,系统信息,启动轴系检测(利用平行光管对 DNA03 仪器进行视线倾斜检测)

◁≡

SHIFT DATA　显示屏和圆水准器照明

PgUp

SHIFT▲若显示内容含有多页,"Page Up"即翻到前一页

PgDn

SHIFT▼若显示内容含有多页,"Page Down"即翻到下一页

<< Back

SHIFT▶返回到上一次视线,例如,回到后视,反之亦然

(3) 定位键

▲▼◀▶

定位键有多种功能,执行何种功能,取决于使用定位键的模式:

- 聚焦控制
- 光标控制
- 通过选择定位选择及确定输入的参数

(4) 输入键

1~9 输入数字、字母和特殊符号

。 输入小数点和特殊符号

± 触发正、负号输入;输入特殊字符

(5) 软按键

→ 接收输入的参数或条件,继续

在字母模式中

- 快速连续按压激活下一个符号(字母/特殊字符/数字)
- 静止 0.5 秒钟接收输入的符号

↵确认

安置 确认输入的参数,继续

↩结束测量程序/功能,输入的参数作废,在 MANU,PROG 和 DATA 中返回到选择菜单

↑转到前一窗口

记录 把数据存入内存

4. 显示符

1/3 共 3 页,目前是第一页,或者是查询到的总数和顺序数。▲▼用于翻看

◀▶表示有选择

◀▶用定位键在列表中选择

↵确认退出本窗口

▲▼退出本栏,到下一行

▮电量符号,显示剩余电量

EC 地球曲率改正开启,对自动测量或人工输入的标尺高度进行地球曲率改正

T 翻转标尺观测启动,只能在标尺翻转状态下进行测量

↑ [Shift]键状态符号,表示[Shift]键已按下

N 数字键启动

α 字母型字符启动

5. 电池

(1) 插入电池(图 1-3)

首先向物镜方向插入电池(如图 1-3 中 a),然后向显示屏方向推操作杆,压电池到锁紧位置。

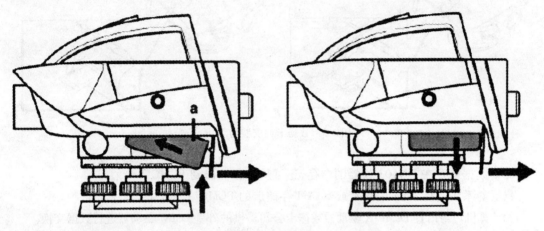

图 1-3　电池的装卸

(2) 取出电池(图 1-3)

一只手放在敞开的电池仓下面托住电池,另一只手按箭头方向向显示屏方向推操作杆,电池就会掉在你所托的手中。

(3) 电池充电(图 1-4)

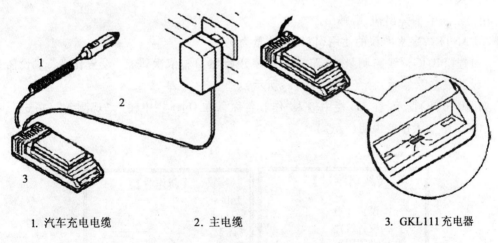

1. 汽车充电电缆　　　2. 主电缆　　　3. GKL111 充电器

图 1-4

GEB111/GEB121 基本充电器可对基本电池和大容量电池充电,可以用 230V 或 115V 的电源充电,也可以用电缆连接汽车电池(12V)充电。

把 GKL111 充电器连接在主电源或汽车电池上,再将 GEB111/GEB121 电池插入充电器,电池的正负级必须与充电器的正负级一致。充电器绿灯亮表示正在充电。

6. 数据卡(图1-5)

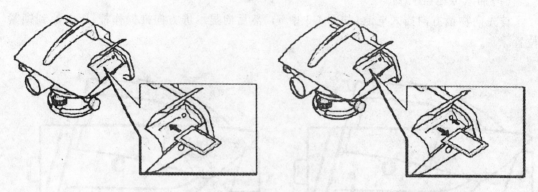

图1-5　数据卡的安装与取出

测量数据可存在 DNA03 仪器的内存,还可从内存输出到 PCMCIA 卡。
仪器的系统支持 ATA 闪存卡或 SRAM 存储卡的 PCMCIA 标准。
用计算机可与内置 PCMCIA 驱动器或徕卡公司提供的外置 OMNI 驱动器进行数据交换。
用徕卡测量办公室软件,通过 RS232 接口进行 PCMCIA 卡与计算机之间的文件交换。

(1)PC 卡槽盖打开:按压槽盖按钮。

　　　　关闭:向下按压槽盖,锁上为止。

(2)插卡

将有徕卡商标的一面朝上插入,卡插到底为止。

检查:卡的弹出钮与卡平齐。

(3)取卡

用力按压卡的弹出钮,卡弹出。

7. DAN03 数字水准仪的使用(以线路测量为例)

(1)选[PROG]/线路测量,线路测量程序开始显示。依次进行"设置作业"、"设置路线"、"设置限差",然后开始(如图1-6(a)所示)。

如图1-6(b)所示,在 Job 栏中输入"作业名称",在 Oper 栏中输入"观测者"(可选),在 Cmt1、Cmt2 中输入作业说明(可选)。

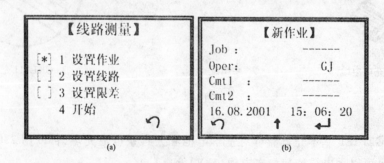

图1-6

如图1-7(a)所示,在Name中输入"线路名称",在Meth中选择观测方法,在PtID中输入"起始点号",在Staf1、Staf2中分别输入"标尺号"。

如图1-7(b)所示,DistBal为前后视距差,MaxDist为视线最大长度,StafLow为最低视线高度,B-B/F-F为同一标尺两次读数的最大差值,StaDif为允许的最大测站高差之差。

(2)用测量键启动测量功能。(一个测站观测)

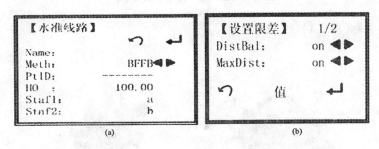

图 1-7

输入:

PtID:起始点点号。缺省为"A1"。

H0:起始点高程(标准值=0.00000)。如果起始点记录在"测量与记录"作业的已知点列表中,它的高程自动显示(如图1-8(a)所示)。

Rem:对测量成果作注记。

测完之后,仪器显示Back,Dist和Hcol的相应值。可以按愿望重复进行测量。对同一视距,点号不自动递增(如图1-8(a)所示)。

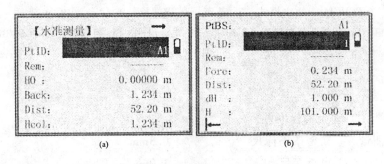

图 1-8

→

继续进行前视测量。

输入:

PtID:采用自动递增的点号或用单独的点号替换。

Rem:对测量成果作注记。

在测完之后,仪器显示Fore、Dist、dH和H的相应值(如图1-8(b)所示)。

43

→ 继续进行后视测量。

← 开始新的测站。

二、DINI12 电子水准仪

1. 各部件名称(图 2-1)

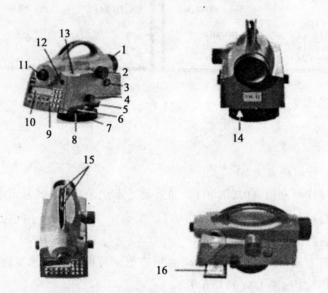

1. 遮阳罩和物镜 2. 望远镜调焦控制 3. 测量微动键 4. 水平微动(无限可调) 5. 外部测角度盘(DINI12、22) 6. PCMCIA 卡插入模式 7. 基座 8. 脚螺旋 9. 键盘 10. 显示器 11. 目镜 12. 圆气泡视窗 13. 用于圆气泡校正可拆卸帽 14. 电池组件 15. 粗瞄器 16. PCIMCIA 槽

图 2-1

2. 技术指标

(1) 双水准在 1km 上的标准差

  电子测量 精密条码标尺   0.3mm

        可拆标尺   1.0mm

  目视距离 可拆标尺   1.5mm

(2) 测量范围

  电子测量 精密条码标尺   1.5～100m

        可拆标尺   1.5～100m

(3) 距离测量精度

  电子测量 20m 视距

        精密条码标尺   20mm

        可拆标尺   25mm

目视测量	可拆标尺	0.2m
最小显示单位		0.01mm
高程测量		0.001m
距离测量		1mm

(4) 测量时间

  电子测量   3秒

(5) 望远镜

  放大率   32×

  光圈   40mm

  视场(100m)   2.2m

  电子测量视场(100m)   0.3m

(6) 补偿器

  倾斜范围   ±15分

  设定精度   ±0.2秒

(7) 其他

  测量时间   3秒

  圆气泡灵敏度   8″/2mm

  显示器   图形,4行×21字符/每行

  键盘   字母输入

  时钟   内部时钟

  水平度盘类型   400°或360°

  水平度盘刻度间隔   1°/10

  水平度盘估读   0.1°

  电源   内接可充电电池

3. 操作键及其功能

DINI12各键功能如下：

(ON|OFF) 电源开关

(MEAS) 开始测量

(Hz-M) 打开水平角测量模式

(TS-M) 在水准仪,全站仪和坐标模式之间转换

(H2) 角度测量设置选择

(DIST) 单独距离测量

(MENU) 进入主菜单

(INFO) 显示主要仪器参数

(DISP) 进行所有内容,显示预选显示资料

(PNR) 输入单独/连续点号

(REM) 输入点代码与附加信息

(EDIT) 打开数据管理编辑器

(RPT) 重复测量

(INV) 正尺或倒尺测量的转换

(INP) 人工输入测量数据（光学标尺的读数）

(·) 打开/关掉显示照明

(0)…(9) 数字键

(+/-) (·) 正负键,十进制位号

(▼) (▲) 滚动查询数据存储

4. 电池

电池的使用寿命由于采用系统能源管理和液晶图形显示,故 DINI 耗电量少,具体情况视电池的使用时间和状况而定。一个充足电源的电池在大型测量任务(大约每天测 800～1 000次)中可使用 3 天。用"INFO"键可以查询耗电状况,当前电池的耗电状况在显示器右上角的横条上有标记显示(如图 2-2 所示)。更换电池时,电池需用尽,提示信息为"Change",如果有此信息用 ESC 确认,还可以再进行几次测量。但每隔 10 秒显示屏会再显示一次,此时就应该换一块充足的电池。换电池的时候,用双手拇指顶住机身,其余四指向外用力打开电池盒盖,并接住滑出的电池。装入电池时要注意电池的方向,将盒盖盖好。注意更换电池时要关机,以防止数据丢失。打开时不要让电池掉下来,装入电池时需要是开着的。DINI 电池有电热保险管,DINI 使用期间和电池充电期间起保护仪器和电池的作用,用 LG20 充电器给电池充电。

5. 数据卡

DINI 对计算常数、操作模式、测量单位等的存储是永久性的,关机后仍然保留。测量数据和附加信息存储在可更换的 PC 卡中。存储容量取决于所使用的 PC 存储卡,在 1MB 的 PC 卡上可存储 10 000 个数据行。PC 卡插在仪器底部的一个滑槽内,要水平取出。取时用左手轻轻抓住仪器,右手顶住仪器的外壳,按住滑槽并向外拔的时候会听到咔嚓声,然后用右手把它取出,取出时有弹簧会轻轻顶一下 PC 卡。插入 PC 卡时,要特别注意卡的向上方向,要完全地插入滑槽中(如图 2-3 所示)。

图 2-2

图 2-3

6. DINI12 主菜单说明

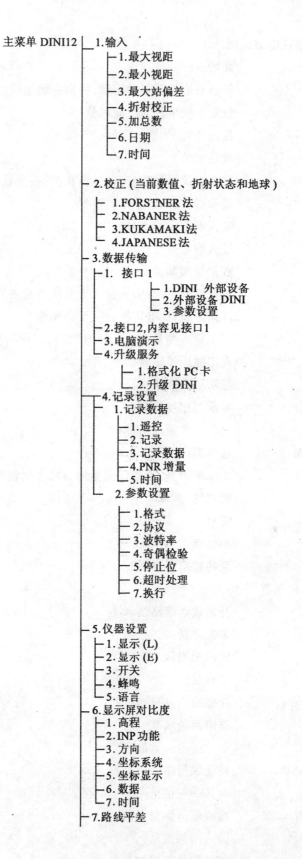

7. 关键功能键说明

MeAs	开始一次测量
*	仪器右边的附加功能键,特别在倒镜位置非常有用
DIST	触发一次单独的距离测量
ON/OFF	仪器开关
MENU	调用菜单
WFO	重要的仪器参数信息,电池状况,甚至状态存储,总视距
DISP	显示所有内容,预选的数据
PNV	输入单个连续点号
NEM	输入附加信息
EDIT	数据管理编辑器
RPT	在重复测量时,输入读尺重复次数或者输入允许的最大标准差
INV	反向测量,此键转换,正、反向测量
INP	手工输入测量数据(光学读数),用中间丝测高程,用上下丝测距离,或人工输入段距离
*	显示照明开关
●	显示对比度调节
DIST	触发一次距离测量
Hz – M	选择 Hz 测量方式
Ts – M	在水准测量、全站仪和坐标方式之间转换
0 ~ 9	数值键
+ / −	符号
.	小数点
△	翻转数据存储器

8. 软件概览

Line	开始或继续路线水准
Rpt	重复测量
Intm	中间视测量
Saut	高程放样
Esc	功能终止,退出菜单
Lend	结束路径水准
MoD	修改显示的数值
YES NO	接受或拒绝一个字符
OK	确认一条信息
Old New	接收新值保留老值
Text	输入附加信息
Date	将日期传至附加信息

Time		时间
HD		输入距离方向
DR		距离量测
CD		在 PC 卡上改变目录
P&U		调用项目管理
U		数字输入
Bbb		小写字母输入
B		大写字母输入
Disp Del Edit		存储器/项目数据的显示/删除/编辑
Irp		数据行输入至/存储器/项目
?		调用搜索菜单以显示数据行
? Pno		存储器/项目中心点
? Lno		作点识别器一部分的行号
? Adr		在存储器/项目中的地址
? Cod		在存储器/项目中的点代码
al		选择存储器/项目中所有的数据行
Adr1		选择第一个数据行/项目地址
1Adr		选择地址
ipno		改变到独立点号的输入
Cpno		改变到连续点号的输入
AM		时间设置为 AM 时间
PM		时间设置为 PM 时间
R – Is		仪器状态记录
Set		设置已知的 Hz 方向
CD		PC 卡改变路径
PRJ		打开项目管理
U		键入数据
b		键入字母符号
←		反向删除一个字
▼▲		一个设置

9. 水准线路测量步骤

(1) 首先在主菜单中进行预置记录设置与输入设置(见图 2-4)。

(2) 选择开始新线或续旧线，LINE 开始线(技术要点：在连续没有完成进行续水准测量，在工程连续性模式中，要求通过线号来调出线路号。在一个项目中，每一条完成的线路能够被继续，包括全部数据的平差是可能的)。

注意：为了尽可能地减少在长路线中存在的问题，应时常插入一些已经固定的转换点，并用"连续路线"选项加以继续。这些操作(路线停止/继续)不影响线路的计算，但可以让

 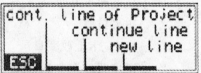

图 2-4

您在遇到问题时,将一些丢失的线路连接到这个点上,并在以后手工连接这些部分的线路。

(3)输入水准线路号(见图 2-5)

 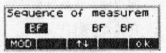

图 2-5

0,1,2 输入

ABC 转换

O.K. 接收输入

MOD 选择测量模式

(4)前视点和后视点测量

  MEAS 开始前视点测量和后视点测量

  技术要求:DISP 键用来改变显示内容,一旦一个设置被改变便会保持,直至下一次改变

(5)结束水准线路测量

  Lend 结束线路测量

  YES 闭合在已知高程点上

  NO 闭合在未知高程点上

三、Nikon DTM800 全站仪

1. 各部件名称(图 3-1)
2. 主要功能键介绍

DTM800 全站仪数据采集键盘如图 3-2 所示,主要功能键如表 3-1 所示。

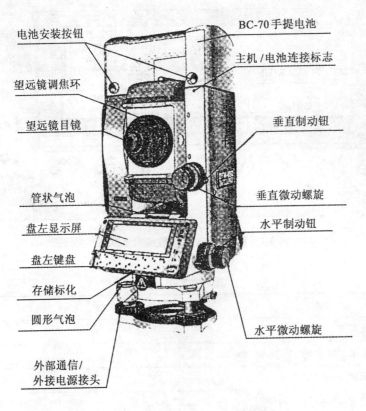

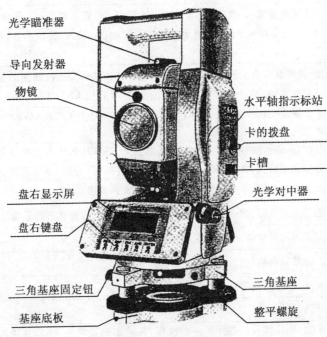

图 3-1　Nikon DTM800 全站仪

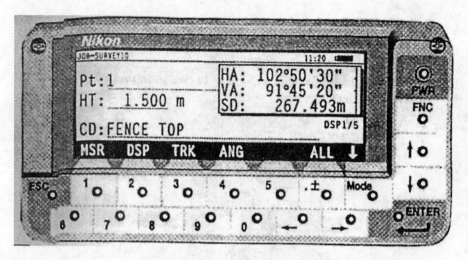

图 3-2 DTM800 全站仪数据采集键盘

表 3-1 主要功能键

键盘	主要功能
PWR	电源开关
[↓:Mode]	显示第二屏软键
[↑:Mode]	显示第一屏软键
[FNC]	功能键:硬件开关
[MENU]	显示主菜单屏幕:1.工作建立/删除/打开;2.测量点计算;3.显示原始数据文件中的数据;4.设定仪器和测量;5.显示电子整平气泡;6.输入/输出功能;7.格式化数据卡/仪器校正
[MSR]	测量:点号缺省值为上次点号自动加1;HT、CD 默认为上次使用的值或码;按上、下箭头开始信息输入,在 Pt、HT、CD 间移动光标,在 CD 行按 ENTER 键,结束输入状态
[DSP]	在5个屏幕间转屏显示:1. HA/VA/SD;2. HA/VD/HD;3. HA/VA/HD;4. HLV%/HD;5. N/E/Z
[TRK]	跟踪测量:点号缺省值为上次点号自动加1;HT、CD 默认为上次使用的值或码;按上、下箭头开始信息输入,在 Pt、HT、CD 间移动光标,在 CD 行按 ENTER 键,结束输入状态
[ANG]	进入角度功能:水平角置零、水平角输入、水平角锁定
[ALL]	测距并记录数据:测量一个点并同时记录下点号、目标高、代码、角度、距离和时间等信息
[RM]	进入遥远测量功能:遥距测量和悬高测量
[STN]	进入测站建立功能
[S-O]	进入放样功能:角度距离放样和坐标放样
[NOTE]	打开注记输入窗
[ENTER]	回车键,确认输入。进行下一步操作,在基本测量屏按 ENTER 键时,可将数据传到 COM 接口

3. 角度、距离测量

角度和距离测量一般用于导线测量中,并且进行精测。

1)角度测量

为了尽可能获取较好的测角精度,采用盘左和盘右观测方法,此方法可以有效消除仪器常差(除垂直轴误差外)。

按[ANG]键显示角度菜单,再按相应数字键选择所属的项目,如图3-3所示。在此,只介绍归零及输入水平角。

(1)归零

当按[0set]键时,水平角度设置为0,并返回到基本测量屏,如图3-4所示。

(2)输入水平角

当按[Input]键时,水平角被清除,输入光标出现。用数字键输入水平角后,再按[ENTER]键。设置完后返回到基本测量屏幕。

例如:欲输入149°46′33″,则输入149.4633,如图3-5所示。

```
HA# 126°25′56″
0set Input Hold
```

图3-3 角度设置屏幕

```
HA# 0°0′0″
0set Input Hold
```

图3-4 角度归零设置屏幕

```
HA#          HA# 149.4633
```

图3-5 输入水平角度值

2)距离测量

按[MSR]和[TRK]键开始测量,在测量中再按一次[MSR]、[TRK]或[ESC]键,可以取消测量,如果测距次数设定为0将连续测距,直到按下[MSR]/[TRK]/[ESC]键才停止,每次测距的结果都会被更新。如果测距次数设定为1~99,则测量1~99次,并显示平均距离,前面的字母"SD"将变成"SDX"表示平均距离。

4. 坐标测量

1)设站

设站是碎部测量中很重要的一个环节,设站的快、慢、好、坏直接影响成图的速度和精度,必须引起足够重视。

设站时按[STN]键,显示设站菜单(图3-6),按数字键选择所需项目,分别为:①在已知点设站;②两点后方交会建站;③三点后方交会建站;④缺省建站(无坐标建站);⑤远程水准测量;⑥检核后视方向。本节主要介绍第一种情况,即已知点设站。

```
Station Setup

1:Known Station        6:BS Check

2:2 – Pt Resection

3:3 – Pt Angle Resection

4:Default Station

5:Rrmote BM
```

图3-6 设站菜单

在基本测量屏按[STN]([2]),进入测站建立菜单,如图3-7所示。选择[1:Known Station],出现一个高程输入框。按[ESC]或不输入高程按[ENTER]关闭该输入框。

```
T:20.0C  P:1013hpa     N:            T:20.0C  P:1013hpa     N:12345678.0000
ST:  ■                 E:            ST： 1000              E:6000.4309
HI:  1.500m            Z:            HI： 1.500■m           Z:100.2680
CD:                                  CD:  MANHOLE1
```

图3-7 测站建立屏幕

(1)输入测站点
①输入测站点,如果它存在于当前工作文件中,坐标就会显示。
②按向下箭头键,光标按ST – HI – T – P – ST…顺序移动,按向上箭头时则相反。
③如果输入新点,则显示一个新点的输入窗。
④输入一个代码,也可以不输入。
⑤在HI处按[ENTER]键接收显示值,进入后视输入屏,如图3-8所示。
(2)输入后视点或方位角
①输入后视点:如果不需要后视点号,可直接输入后视方位角。
②用向下箭头键把光标移动到AZ处,方位角可由站点和后视点坐标自动计算出来。
③上次使用的目标高作为缺省值显示,也可以编辑。
④输入一个未知点,用户可以选择输入坐标或方位角。
⑤按[2:Azimuth]关闭窗口,进入方位角输入窗口。
⑥输入后视方位角。
⑦在BS处按向下箭头键,可以不输入点号而直接输入后视方位角。
(3)照准后视点并测量
①照准后视点按[ENTER]或[MSR]键。按[ENTER]键将设定后视方位角。储存建站

BS:2000	N:
	E:
AZ:	Z:
HT:1.600m	

BS:	N:
	E:
AZ:	Z:
HT:1.600m	

图 3-8　后视输入屏幕

记录返回基本测量屏,如图 3-9 所示。

②测量完后,可以重测或按[ENTER]键接收测量值完成测站建立。

③按[ENTER]键,记录测站和后视数据。

记完测站后,返回基本测量屏。

HA:102°50′30″	
VA:91°45′20″	
SD:　　m	
MSR　DSP	

HA:102°50′30″	
VA:91°45′20″	
SD:　83.530m	
MSR　DSP	

图 3-9　测站完成屏幕

2)观测

①设站完成后,即可进行观测,照准目标,按[SMR]/[TRK]键测量,显示观测结果。

②点号缺省为上次点号自动加 1。

③HT(目标高)和 CD(代码)默认为上次使用的值或码。

④按上、下箭头开始信息输入,在 Pt、HT、CD 间移动光标,输入信息后,在 CD 行按[ENTER]键,输入状态结束,返回测量状态。

按[ALL]键可以测量一个点并同时记下点号、目标高、代码、角度、距离和时间等信息。按[ALL]键开始测量距离,距离测量方式由距离设置决定,当测量完成后,直接记录点的信息。

当数据存储被设置为"XYZ&RAW"时,则 PT/HT/HA/VA/SD/Time/Code 将被存储于 RAW(原始数据)文件,坐标存储于 XYZ 文件,如果数据存储被设置为"XYZ ONLY",则只有坐标被存储于 XYZ 文件。

四、索佳 SET500/ SET500S/SET600/SET600S 全站仪

1. 各部件名称(图 4-1)

2. 主要功能键介绍(图 4-2)

允许用户根据测量工作的需要,对测量模式下的软键功能进行定义。已定义的软键功能将被保存,直到再次被重新定义为止。

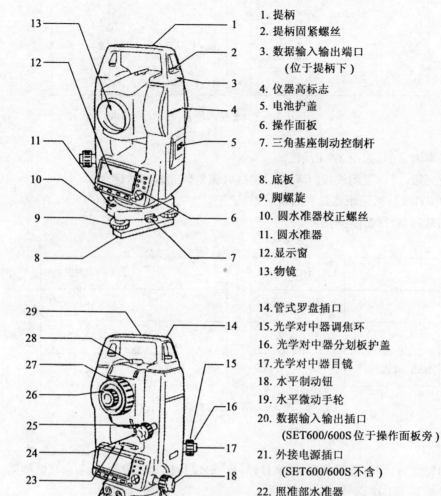

1. 提柄
2. 提柄固紧螺丝
3. 数据输入输出端口
   （位于提柄下）
4. 仪器高标志
5. 电池护盖
6. 操作面板
7. 三角基座制动控制杆
8. 底板
9. 脚螺旋
10. 圆水准器校正螺丝
11. 圆水准器
12. 显示窗
13. 物镜
14. 管式罗盘插口
15. 光学对中器调焦环
16. 光学对中器分划板护盖
17. 光学对中器目镜
18. 水平制动钮
19. 水平微动手轮
20. 数据输入输出插口
    （SET600/600S位于操作面板旁）
21. 外接电源插口
    （SET600/600S不含）
22. 照准部水准器
23. 照准部水准器校正螺丝
24. 垂直制动钮
25. 垂直微动手轮
26. 望远镜目镜
27. 望远镜调焦环
28. 粗照准器
29. 仪器中心标志

图 4-1　索佳 SET600/ SET600S 全站仪

系统为用户提供两个软键键位寄存位置,即"用户定义键位1"和"用户定义键位2",用于用户定义键位的寄存。寄存的用户定义键位可以随时恢复。

(1) 初始默认功能键

仪器出厂时,测量模式下各菜单功能键位定义如下：

第一页：[DIST] [▲SHV] [OSET] [COORD]

第二页：[MENU] [TILT] [H. ANG] [EDM]

第三页：[MLM] [OFFSET] [REC] [S-O]

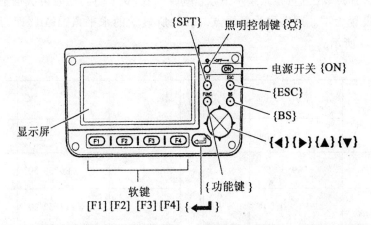

图 4-2 索佳 SET500/ SET500S/ SET600/ SET600S 系列全站仪数据采集键盘

（2）主要功能软键简介

[DIST]：测量距离

[▲SHV]：测量类型选择（S：斜距，H：平距，V：高差），按该键可将"S、ZA、H"（斜距、垂直角、平距）显示改变为"S、H、V"显示

[OSET]：水平角置零

[COORD]：坐标测量

[REP]：水平角重复测量

[MLM]：对边测量

[REC]：进入存储数据菜单

[EDM]：进入 EDM（电子测距）参数设置

[H.ANG]：将水平角设置为已知值

[TILT]：倾角显示

[MENU]：进入菜单模式（可进行坐标测量、放样测量、偏心测量、重复测量、对边测量、悬高测量、后方交会测量、面积测量）

[REM]：悬高测量

[RESEC]：后方交会测量

[R/L]：左/右水平角测量（HAR 右角，HAL 左角）

[RCL]：显示最新测量数据

[D-OUT]：将观测值输出到计算机等外部设备

[F/M]：距离单位转换（米或英尺）

[HT]：仪器高和目标高设置

[…]：尚未进行功能定义

3. 角度测量

角度测量有两种设置初始方向值的方法，即设置 0 方向值或输入已知方向值。

（1）归零

利用水平角置零功能"OSET"测定两点间的夹角，该功能可将任何方向的值设置为零。

首先照准目标点,在测量模式菜单下按[0SET],在[0SET]闪动时再次按下该键。此时目标点方向值设置为零。照准另一目标点,此时,所显示的水平角"HAR"即为两目标点间的夹角,如图4-3所示。

Means		PC	-30
		ppm	0
ZA		89°59′50″	
HAR		0°0′0″	P1
DIST		SHV	0SET
COORD			

Means		PC	-30
		ppm	0
ZA		89°59′50″	
HAR		117°32′20″	P1
DIST		SHV	0SET
COORD			

图4-3 归零屏幕

(2)输入方向值

利用水平角设置功能"H. ANG"可将照准方向值设置为所需值,然后进行角度测量。首先照准目标点,在测量模式菜单下按[H. ANG],输入已知方向值照准观测方向,按回车后,将照准方向设置为所需值,照准另一目标点,此时所显示的"HAR"即为另一目标点的方向值,该值与设置值之差为两目标点间的夹角,如图4-4所示。

HAR:125.			
1	2	3	4

Means		PC	-30
		ppm	0
ZA		89°59′50″	
HAR		117°32′20″	P1
DIST		SHV	0SET
COORD			

图4-4 设置方向屏幕

4. 距离测量

距离测量屏幕如图4-5所示。进行距离测量前应先完成下列四项设置:距离模式、反射镜类型、棱镜常数改正值、气象改正值。

Means		PC	−30
		ppm	0
ZA	80°30′15″		
HAR	120°10′00″		P1
DIST		SHV	0SET
COORD			

Dist			
Rapid " r " PC −30			
ppm			
25			
			STOP

Means		PC	−30
		ppm	0
ZA	89°59′50″		
HAR	117°32′20″		P1
DIST		SHV	0SET
COORD			

图 4-5　距离测量屏幕

在测量模式第 1 页菜单下,照准目标,按[DIST]开始距离测量。测距开始后,仪器闪动显示测距模式、棱镜常数改正值、气象改正值等信息。一声短声响后屏幕上显示出倾斜距离"S"、垂直角"ZA"和水平角"HAR"的测量值,按[STOP]停止距离测量。如果想显示平距,则可按〔▲SHV〕键。注:若将测量模式设置为单次精测,则每次测距完成后测量自动停止;若将测量模式设置为平均精测,则显示的距离值为 S−1,S−2,…,S−9,测量完成后在 S−A 行上显示距离的平均值。

5. 坐标测量

在输入测站点坐标、仪器高、目标高和后视坐标方位角后,用坐标测量功能可以测定目标点的三维坐标。

(1)输入测站数据(图 4-6)

①量取仪器高和目标高。

②在测量模式第 1 页菜单下按[COORD]进入[Coord]屏幕。

③选取"Stn data"后按[EDIT]输入测站坐标、仪器高和目标高。

NO:	0.000
EO:	0.000
ZO:	0.000
Inst. h:	1.400m
Tgt. h	1.200m
1	2　　3　　4

NO:	370.000
EO:	10.000
ZO:	100.000
Inst. h:	1.400m
Tgt. h	1.200m
1	2　　3　　4

图 4-6　数据测站数据

④按[OK]完成输入。

(2)调用内存中已知坐标数据(图 4-7)

①在输入测站数据时按[READ]键。

②将光标移至所需要点号上后按回车键。

Pt	111111
Pt	1
Crd	2
Stn	123456789
Stn	1234
↑↓ ..P TOP LAST SRCH	

图 4-7 调用内存数据

（3）设置后视坐标方位角（图 4-8）

①在 < Coord > 屏幕下选取"Set H angle"。

②选取"Back sight"后按[EDIT]输入后视点坐标。

③按[OK]，屏幕上显示测站点的坐标。

④按[OK]，设置测站坐标。

⑤照准后视点后按[Yes]，设置后视点坐标方位角。

Set H	Angle/BS
NBS	170.00
BBS	470.00
ZBS	100.00
1 2 3 4	

SET H angle	
Take BS	
ZA	89°59′55″
HAR	117°32′20″
	NO YES

图 4-8 设置后视坐标方位角

（4）在完成设站后，即可进行三维坐标测量（图 4-9）

①照准目标点上的棱镜。

②在 < Coord > 屏幕下选取"Observation"开始坐标测量，在屏幕上显示出所测目标点的坐标值后按[STOP]停止测量（按[HT]可重新输入目标高，当待观测目标点的目标高不同时，开始观测前先将目标高输入）。

③照准下一目标点后按[OBS]开始测量。用同样的方法对所有目标点进行测量。

④按[ESC]结束坐标测量返回 < Coord > 屏幕。

N	240.490	
E	340.550	
Z	305.740	
ZA	89°42′50″	
HAR	180°31′20″	
OBS		HT
REC		

图 4-9 三维坐标测量

(5)存储数据

在存储数据菜单下可以将测量数据、测站数据和注记数据存储到当前工作文件中(用[AUTO]功能可使测量和存储自动完成)。

①对目标点进行坐标测量。

②按[REC]进入<REC>屏幕,选取"Coord data"显示坐标测量值。

③按[REC]后按[EDIT]输入以下各值:目标点点号、属性码、目标高。

④核实输入值无误后按[OK]存储数据。

⑤照准下一目标点后按[DIST]继续对目标点进行测量,重复步骤③~④完成该点的测量和数据存储,按[AUTO]可在进行距离测量的同时自动存储测量结果,此时,点号自动加1,属性码和目标高不变。

⑥按[ESC]结束测量返回<REC>屏幕下。

五、SET22D 全站仪

SET22D 全站仪的外形和操作面板见图 5-1 和图 5-2。标称测角精度为 ±2″,标称测距精度为 ±(2 + 2ppm × D)mm。基本测量功能有:角度测量、距离测量、坐标测量和放样测量;高级测量功能有:后方交会、偏心测量、对边测量、悬高测量;并具有测量数据记录和输入、输出功能。

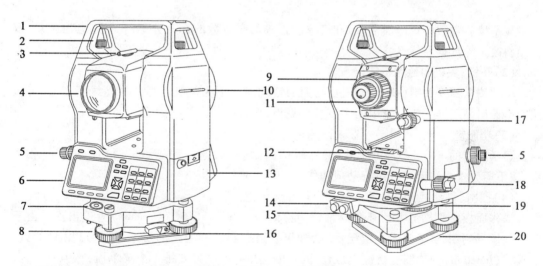

1. 提柄;2. 提柄固定螺旋;3. 粗瞄准器;4. 物镜;5. 光学对中器;6. 操作面板;7. 圆水准器;8. 脚螺旋;9. 物镜调焦环;10. 横轴中心标志;11. 目镜;12. 水准管;13. 电池盒;14. 外接电源插口;15. 通信接口;16. 基座制紧钮;17. 垂直微动螺旋;18. 水平微动螺旋;19. 水平度盘变换轮;20. 底板

图 5-1 SET22D 全站仪

1. SET22D 的显示屏和操作键

(1)显示屏

显示屏如图 5-2 所示,屏上共有 8 行,每行 20 个字符。第 1 行为标题行,显示本次操作的主要内容。第 8 行为(可变的)功能菜单行,显示主菜单、子菜单和菜单项的名称。中间几行显示已知数据、观测数据以及供选择的功能菜单等。当进行角度和距离测量时,屏幕右

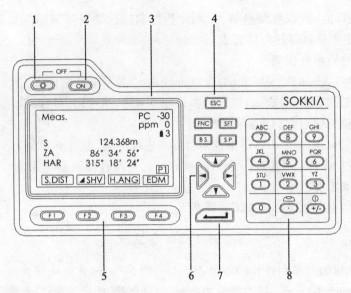

1. 照明键；2. 电源开关；3. 显示屏；4. 控制键；5. 功能键；
6. 光标移动键；7. 回车键；8. 输入键

图 5-2　SET22D 全站仪操作面板

上角显示棱镜常数（PC即加常数）和气象改正等的乘常数的百万分率（ppm）、电池余量、双轴倾斜改正等数据和信息。

（2）开机、关机和照明键

单独按电源开关键（ON）为开机，与照明键同时按下为关机。当外界光线不足时，可按照明键照明显示屏和望远镜中的十字丝分划板，再按一下为关闭照明。

（3）功能键

显示屏下的 F1～F4 为功能键，又称软件键（简称软键），和显示屏的功能菜单行相对应，按下即为选中该菜单或执行某项功能。

（4）控制、移动、回车键

操作面板中部靠上方的五个键总称为控制键。其中，"ESC"（escape）为退出键。由于菜单的层层调用，屏幕显示也层层深入，如果要退回到上一层次的显示屏，则可用 ESC 键。"FNC"（function）为功能变换键；显示屏的功能菜单行一次可安排 4 个菜单项，称为一页，共有 3 页（P1、P2、P3）；仪器的功能主菜单共有 22 个菜单项，可选其常用的 12 项安排在 3 个页上，如图 5-2 所示显示屏的功能菜单行显示的 4 个菜单项为第 1 页（P1），需要变换为 P2、P3 则用 FNC 键。"SFT"（shift）为转换键，用于同一个输入键需要输入数字或字母时的功能转换。"BS"（back space）为退格键，用于取消刚才输入的一个数字或字母，可连续使用以消去一个输入错误的字符串。"SP"（space）为空格键，用于输入一个空格。

操作面板中部有三角形箭头的四个键为光标移动键，有上、下箭头的键可使光标上下移动，有左、右箭头的键可使光标在一行中左右移动，用于菜单项选定或输入数据的修改。回车键用于输入数据或字符串的确认。

（5）输入键

操作面板右边的 12 个键为数字或字符的输入键，第一功能为输入数字、小数点、正负号,第二功能为输入字母,用 SFT 键进行功能转换。小数点键的第二功能为显示电子水准器的气泡和纵轴在纵、横方向的倾角,用于据此精确置平仪器。正负号键的第二功能为显示距离测量时回光信号(signal)的强度,以检验对目标棱镜的照准情况。

2. SET22D 的功能菜单结构

SET22D 全站仪将其全部功能划分为五种模式:设置模式、菜单模式、测量模式、记录模式、储存模式。五种模式的屏幕显示有一定的前后次序,形成功能菜单结构。"状态屏幕"和"测量屏幕"排在优先位置,由此按功能菜单键进入其他各种模式。因此,需要用一功能菜单结构图来说明进入各种工作模式的程序,如图 5-3 所示。

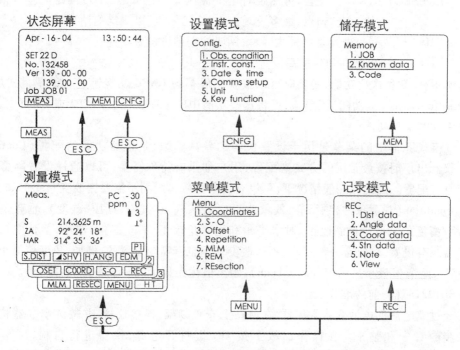

图 5-3 SET22D 全站仪功能菜单结构框图

仪器显示屏显示内容的先后次序应为:状态屏幕、测量屏幕(仪器经不久前的使用,开机后会先显示测量屏幕,可用 ESC 键退回到状态屏幕),然后在状态屏幕下按 CNFG 功能键进入设置模式屏幕,按 MEM 功能键进入储存模式屏幕;在测量屏幕下按 MENU 功能键进入菜单模式屏幕,按 REC 功能键进入记录模式屏幕。各种模式的屏幕上显示各项菜单,可用上下光标移动键选取某项功能,使其文字泛白(图中以线框表示),按回车键确认执行。

各种全站仪都有这种表示如何应用仪器全部功能的"功能菜单结构框图",或称为"菜单树"(menu tree),是调用仪器功能的"路径",这对于掌握仪器的使用是必须了解的。全站仪有各种级别和用途,因此,菜单树也有内容繁简和层次多少之分,但首先应了解其主要内容。

SET22D 全站仪在出厂时,下列功能设置于显示屏的各页(P1、P2、P3)功能行,其功能为:

P1 [S. DIST]—— 距离测量,显示测得距离为斜距;

　　　　[▲SHV]——显示斜距、平距、垂距的转换；
　　　　[H. ANG]——水平度盘读数设置，一般设置为照准方向的方位角；
　　　　[EDM]——光电测距参数（棱镜常数、气温、气压）设置；
P2　　[0SET]——水平度盘读数置零，便于角度的计算或测设已知角度；
　　　　[COORD]——三维坐标测量，用于地形测量时的细部点测定；
　　　　[S-O]——放样测量，有按已知坐标放样或按边长和角度放样等方式；
　　　　[REC]——进入记录模式屏幕，用于记录和查阅观测值、坐标等；
P3　　[MLM]——对边测量，测定两个目标点间的斜距、平距和高差；
　　　　[RESEC]——后方交会，可测距时至少观测 2 个已知点，不可测距时至少观测 3 个已知点，最多可观测 10 个已知点，以测定测站坐标；
　　　　[MENU]——进入菜单模式屏幕，用于调用各种测量功能；
　　　　[HT]——仪器高和目标高设置。

　　其他还有 10 种次要功能，必要时可以按状态屏幕的 CNFG 功能键进入设置模式屏幕，选取"Key function"（键功能）菜单项，可将这些功能中的某项设置于 P1、P2 或 P3 页中，以取代其中原有的某项功能。

　　设置模式屏幕中的菜单是用于设置仪器的各项参数，是仪器功能的配置（Configuration）。仪器出厂时按最常用的方式来配置，用户如果有特殊需要，可以通过设置屏幕的菜单改变原有配置。因此在一般情况下，可以查看其配置情况而不需要去改变它。例如，菜单 1. Obs. condition（观测条件）项下有：气象改正（气温、气压/气温、气压、湿度），垂直角格式（天顶距/高度角），双轴倾斜改正（对水平角和垂直角改正/不改正）等选项，括弧中第一选项为仪器原有设置，均符合一般要求，不需改变。但也有需要设置的，例如，角度值最小显示（1″/0.5″），距离值最小显示（1mm/0.1mm），距离值优先显示（斜距/平距/高差）等。

　　3. SET22D 观测前的准备工作

　　将经过充电后的电池盒装入仪器，在测站上安置脚架，连接仪器，并按圆水准器将仪器进行初步的对中和整平。在操作面板上按 ON 键打开电源，仪器进行自检，屏幕显示"Checking"，如果自检正常，显示水平度盘和垂直度盘的"等待指标设置"屏幕。放松水平和垂直制动螺旋，使照准部和望远镜各旋转一周，各发出一声鸣响，水平度盘和垂直度盘的指标设置完毕，屏幕显示测量模式（图 5-4（左）），"ZA"一行是当前视线的天顶距（竖盘读数），"HAR"一行是水平角（水平度盘读数）。如果此时仪器置平未达到要求，则度盘读数行显示"Out of range"（超限）警告（图 5-4（右）），应根据水准管气泡重新整平仪器并检查对中情况。在仪器置平精度要求较高时，可利用电子水准器的显示（按 SFT 键后按小数点键）以置平仪器。

　　4. SET22D 的角度观测

　　全站仪开机后进入测量屏幕，用 FNC 键使功能行显示第二页功能菜单，盘左位置从测站 S 瞄准左目标 L 的觇牌中心，按 0SET 功能键使水平度盘读数为 0°00′00″（对此并非必要，仅为便于计算），天顶距读数为 88°45′36″，屏幕显示如图 5-5（左）所示；转动照准部瞄准右目标 R，水平度盘读数为 126°13′45″，天顶距读数为 91°24′18″，如图 5-5（右）所示；由于起始方向已归零，因此盘左测得的水平角：$\beta = 126°13′45″$。

　　5. SET22D 的距离测量

　　（1）测距参数设置

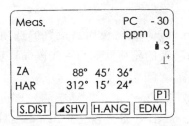 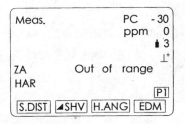

图 5-4　指标设置后的测量屏幕

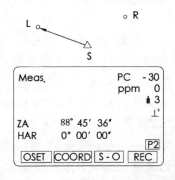 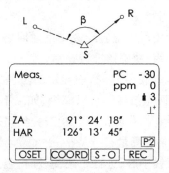

图 5-5　角度测量屏幕

距离测量之前应设置好以下几项参数：测量当时的气温和气压，反射器类型和常数，距离测量模式。参数设置的方法为：在测量模式屏幕的功能菜单第 1 页中，按 EDM 功能键，显示"光电测距参数设置屏幕"（共 2 页），如图 5-6（左）所示。

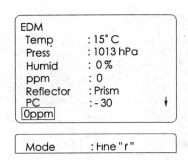 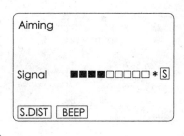

图 5-6　距离测量参数设置及回光信号检验

参数设置的名称及其选项如下：

①温度（Temp.）、气压（Press）和湿度（Humid）：测距时大气温度（℃）按通风温度计读数，用数字键输入；大气气压（hPa）按气压计读数，用数字键输入；大气湿度（％）按湿度计读数计算，用数字键输入（在高精度的长距离测量时才需要）。

②百万分率（ppm）：百万分率改正包括上述的气象改正和仪器的测距乘常数改正。如果输入上述气象参数，则仪器自动计算出气象改正的百万分率，对所测距离进行改正（不需输入 ppm）；如果需要与已测定的仪器乘常数一并改正，则应按气象参数查仪器所提供的气

象改正表,查取气象改正的百万分率,与乘常数的百万分率合并,用数字键输入;设置后的百万分率会在屏幕显示。

③反射器(Reflector)和棱镜常数(PC,Prism Constant):反射器设置的选项为:Prism(棱镜)/Sheet(反射片),用左、右光标移动键选取;一般的棱镜常数为-30(mm),反射片常数为0,用数字键输入。

④测距模式(Mode):可供选择的测距模式有:Fine "r"(重复精测)/Fine AVR "n = "(多次精测取平均值)/Fine "s"(单次精测)/Rapid "r"(重复粗测)/Rapid "s"(单次粗测)/Tracking(跟踪测量),用左、右光标移动键选取。

在所有参数设置完毕后,按回车键确认,回到测量模式屏幕。

(2) 回光信号检测

回光信号检测用于检验经棱镜反射回来的光信号是否达到测距要求,一般用于长距离测量。检测方法为:精确照准棱镜后,按 SFT 键后按正负号键,显示回光信号屏幕,如图 5-6(右)所示。Signal(信号)一行中显示的黑色方块越多,表示回光信号越强;如果该行末端出现"*"号,表示回光信号已足以测距;如果不出现黑色方块或无"*"号显示,应重新照准目标,并检查通视情况,排除障碍。检查完毕,按 ESC 键回到测量模式屏幕。

(3) 距离和角度测量

照准目标棱镜中心,进行距离测量时,竖盘的天顶距读数和水平度盘读数同时显示,因此,距离和角度测量是可以同时进行的。当测距参数已按观测条件设置好,回光信号强度已适合于观测,即可开始测量。例如,设测距模式选择为"单次精测"(Fine "s"),距离优先显示为"斜距",照准目标棱镜后按 S. DIST 功能键,开始距离测量,屏幕闪烁显示测距信息(棱镜常数、气象改正、测距模式)。距离测量完成时,仪器发出一声鸣响,屏幕显示斜距(S)、天顶距(ZA)和水平方向值(HAR),如图 5-7(左)所示。

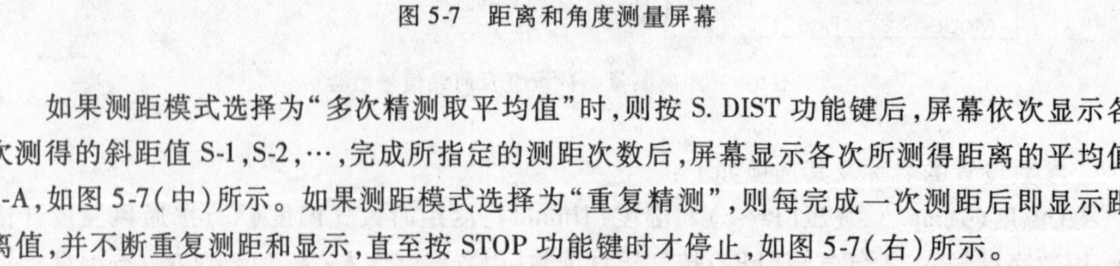

图 5-7 距离和角度测量屏幕

如果测距模式选择为"多次精测取平均值"时,则按 S. DIST 功能键后,屏幕依次显示各次测得的斜距值 S-1,S-2,…,完成所指定的测距次数后,屏幕显示各次所测得距离的平均值 S-A,如图 5-7(中)所示。如果测距模式选择为"重复精测",则每完成一次测距后即显示距离值,并不断重复测距和显示,直至按 STOP 功能键时才停止,如图 5-7(右)所示。

完成距离测量后,按 ▲SHV 功能键可以使距离值在斜距(S)、平距(H)、垂距(V)间变换显示。按 ESC 键返回测量模式。

6. SET22D 的三维坐标测量

全站仪的三维坐标测量功能主要用于地形测量的数据采集(细部点坐标测定)。根据测站点和后视点(定向点)的三维坐标或至后视点的方位角,完成测站的定位和定向;按极坐标法测定测站至待定点的方位角和距离,按三角高程测量法测定至待定点的高差,据此计算待定点的三维坐标,并可将其存储于内存文件中。坐标测量的步骤如下:指定工作文件,测站点和后视点的已知数据输入,测站的定位和定向,极坐标法细部点测量和数据记录。

(1)指定工作文件

SET22D 的内存中共有 24 个工作文件(JOB),文件的原始名称为 JOB01,JOB02,…JOB24,可以按需要更改其名称。可以选取任何一个文件作为"当前工作文件",用于记录本次测量成果。在"测量模式"屏幕按 ESC 键回到"状态屏幕",按 MEM 功能键进入"储存模式"屏幕,见图 5-8(左);选择选项 1. JOB(文件),按回车键进入"文件管理"屏幕,见图 5-8(中);选择选项 1. JOB selection(文件选择),进入"文件选取"屏幕,见图 5-8(右)。文件选取屏幕共有 4 页,左边一列为文件名,右边一列为文件中已储存的数据个数,将光标移至选取的文件名上(例如 3 号文件 JOB03)按回车键,则该文件已选取作为当前测量的数据记录文件,即当前工作文件。屏幕末行的功能行:有上下箭头和"P"的为改变光标的按行或按页选取,TOP 为显示第一页,LAST 为显示最后一页,EDIT 为用于改变文件名。当前文件选定后,用 ESC 键回到测量屏幕。

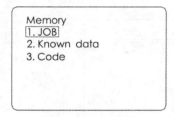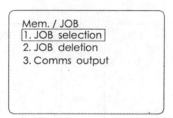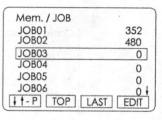

图 5-8 储存模式和文件选取屏幕

(2)测站数据输入

开始三维坐标测量之前,须先输入测站点坐标、仪器高和目标高,将这些数据记录在当前文件中。方法为:在测量模式的功能行第二页按 COORD 功能键,进入"坐标测量菜单"屏幕,见图 5-9(左);选取选项 2. Stn. data(测站数据),按回车键后进入"测站数据输入"屏幕,图 5-9(右)为数据输入前情况;光标移至需输入的行,用数字键输入测站点的三维坐标 N0,E0,Z0(即 X0,Y0,Z0)、仪器高(Inst. h.)和目标高(Tgt. h.)。每输入一行数据后按回车键,输入完全部数据后按 REC 键使其记录,按 OK 键结束测站数据输入,回到坐标测量菜单屏幕。如果测站点坐标在文件中已经存在,则可按 READ 功能键读取。

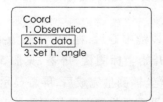

图 5-9 测站数据输入屏幕

(3)后视方位角设置

输入测站和后视点的坐标后,仪器会自动按坐标反算公式计算测站至后视点的方位角。照准后视点后,通过按键操作,完成水平度盘定向。操作方法为:在坐标测量菜单屏幕中选取 3．Set h. angle 选项,按回车键进入"方位角设置"屏幕,见图 5-10(左上);按 BS(Back sight 后视)功能键,进入"测站点和后视点坐标输入"屏幕,见图 5-10(右上);测站点坐标如已输入,则仅需输入后视点坐标,方法同测站点坐标输入;如果后视点坐标在文件中已经存在,则可按 READ 功能键读取;输入完毕,按 OK 键进入"后视点照准"屏幕,见图 5-10(左下);仪器瞄准后视点后按 YES 键,回到方位角设置屏幕,此时 HAR 一行显示测站至后视点的方位角值,见图 5-10(右下)。至此,完成测站的定位和水平度盘的定向。

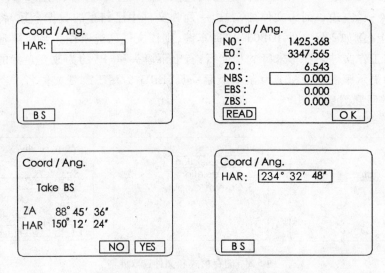

图 5-10 后视点坐标和方位角设置屏幕

(4)细部点三维坐标测量

完成测站数据输入和后视方位角设置(测站的定位和定向)后,可开始细部点的极坐标法三维坐标测量。瞄准目标点,通过对斜距 S、天顶距 ZA 和目标方位角 HAR 的测定,即可计算目标点 P_t 的三维坐标(N_p, E_p, Z_p),计算公式为:

$$N_p = N_0 + S\sin(ZA)\cos(HAR)$$

$$E_p = E_0 + S\sin(ZA)\sin(HAR)$$

$$Z_p = Z_0 + S\cos(ZA) + h_I - h_T$$

式中,h_I 为仪器高,h_T 为目标高。坐标计算由仪器自动完成,显示于屏幕,并能记录于当前工作文件。

三维坐标测量的操作为:精确瞄准目标点的棱镜中心后,在"坐标测量菜单"屏幕中选择 1. Observation(观测)选项,按回车键,显示"开始坐标测量"屏幕,见图 5-11(左),内容为:棱镜常数、气象改正的百万分率和测量模式。坐标测量完成后,屏幕显示目标点的三维坐标和距离角度观测值,如图 5-11(中)所示。如果需要将细部点的观测值和坐标数据记录于文件,按 REC 功能键,进入"坐标数据记录"屏幕,如图 5-11(右)所示。其中右上角显示的为已记录的细部点数,以下为点的三维坐标,再以下为该细部点的点号(Pt)和点的代码

(Code),需要用数字和字母键输入,每输完一项数据按回车键;其中代码一项为点的特征码(地形点的分类、连线信息等,参看第八章"地形测量"),可以预先储存在仪器内存中,需要时用"↑"、"↓"功能键调出选用;按 OK 键完成坐标数据记录,回到坐标测量屏幕。瞄准下一个目标,按 OBS 功能键继续进行三维坐标测量。

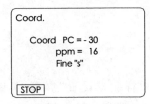 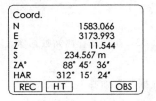 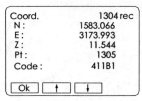

图 5-11　坐标测量和记录屏幕

7. SET22D 的放样测量

放样测量是在实地测设由设计数据所指定的点。全站仪的放样测量功能是:根据输入的已知数据和照准目标时的观测数据,自动计算并显示出照准点和待放样点的方位角差和距离差,如图 5-12 所示,同时也可显示其高差。据此移动目标棱镜,使上述三项差值为零或在容许范围以内。以下介绍按待放样点的设计坐标和高程进行点位放样的方法。

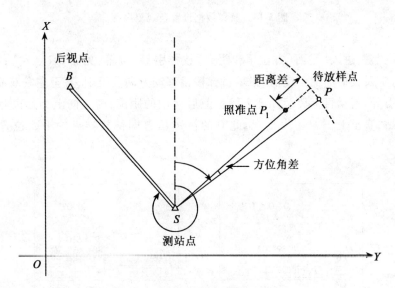

图 5-12　坐标放样测量

在测量模式屏幕的第二页功能菜单中,按 S-O(set out)功能键,进入"放样测量菜单"屏幕,见图 5-13(左);选择"3. Stn data"(测站数据)选项后按回车键,进入测站数据设置屏幕,见图 5-13(右);输入测站点的三维坐标、仪器高和目标高,每输完一项数据按回车键,输完全部数据按 OK 键,回到放样测量菜单屏幕;选择"4. Set h. angle"选项,进入后视点方位角设置屏幕,用输入后视点坐标和照准后视点的方法,进行方位角设置,其方法和三维坐标测量时完全相同;然后回到放样测量菜单屏幕(图 5-13(左))。

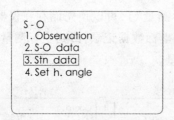 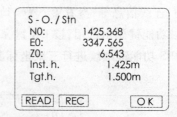

图 5-13 坐标放样测站数据输入屏幕

选择"2. S-O data"(放样数据)选项按回车键,进入"放样数据设置"屏幕,见图 5-14 (左);输入待放样点的三维坐标,每项输入后按回车键,输完后显示放样数据"SO dist"(放样距离)和"SO h ang"(放样方位角);按 OK 键进入"放样观测"屏幕,见图 5-14(右)。

图 5-14 放样数据设置及观测屏幕

按"← →"键,进入"平面(方位角和距离)放样引导"屏幕,见图 5-15(左);第二行为方位角引导,箭头及其后面的角度值,指示目标棱镜移动方向及范围,直至左右双箭头出现;第三行为距离引导,指示目标棱镜在此方向上前后移动的距离,箭头向上为远离测站,箭头向下为靠近测站,直至上下双箭头出现,此时的棱镜位置即待放样点的平面位置,如图 5-15 (右)所示。

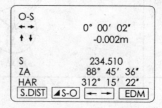

图 5-15 平面放样引导屏幕

为了放样点的高程,按"▲S-O"(放样模式)功能键,使 S.DIST 的功能显示改变为 COORD;按 COORD 功能键,回到放样观测屏幕,见图 5-16(左);按"← →"键后再按 COORD 键,显示"高程放样引导"屏幕,见图 5-16(中);按第四行的双三角形指示,目标棱镜应向上移动 0.135m,使该行出现上下指向的双三角形,后面的数值为零,如图 5-16(右)所示,此时棱镜标杆底部的尖端即为待放样点的空间位置。

70

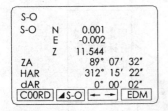
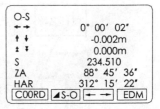

图 5-16 高程放样引导屏幕

六、TC(R)402/403/405/407 全站仪

1. TC(R)402/403/405/407 全站仪的重要部件(图 6-1)

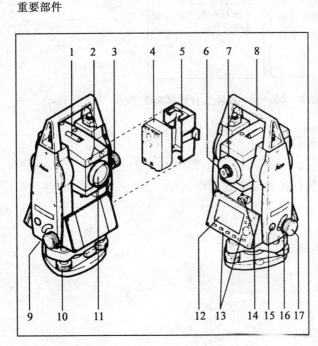

重要部件

1. 粗瞄器
2. 内装导向光装置(选件)
3. 垂直微动螺旋
4. 电池 GEB121
5. 电池盒
6. 目镜
7. 调焦环
8. 螺丝固定的可拆卸仪器提把
9. RS232 串行接口
10. 脚螺旋
11. 望远镜物镜
12. 显示屏
13. 键盘
14. 圆水准器
15. 电源开关
16. 热键
17. 水平微动螺旋

图 6-1 TC(R)402/403/405/407 全站仪

2. 主要功能键介绍(图 6-2)

(1)固定键

"翻页"对话框有多页时,按该键翻页查看。

"菜单"执行机载程序、设置、数据管理、检验校正、通信参数、系统信息和数据传输。

"自定义键"可将功能中的任一项赋予自定义键,以方便使用。

"功能"支持测量工作的一些快速执行的功能。

"退出/取消"退出目前的窗口或取消输入。

71

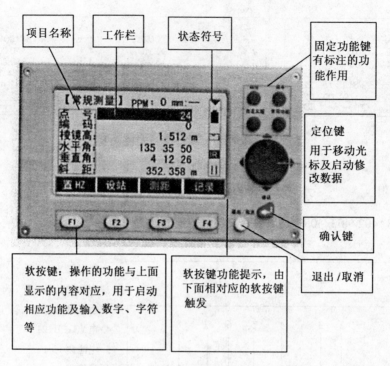

图 6-2 TC(R)702/703/705 全站仪数据采集键盘

"回车"确认键,确认输入或选择。

(2)软按键

屏幕的最下面一行显示代表执行各功能的软按键,由下方对应的软按键 F1、F2、F3、F4 激活。

EDM　　　显示 EDM 设置
测距　　　仅测距测角一次,不保存
记录　　　记录显示的值
坐标　　　打开坐标输入窗口
查找　　　查找已在内存中的点
Hz=0　　　将水平方向置为 0°00′00″
置 Hz　　　将水平方向值置为某一特定的值
设站　　　输入测站的有关坐标、高程、仪器高等
|←　　　返回到最高一级软按键
确认　　　接受显示的值,并退出对话框
IR/RL　　 红外/激光测距模式转换
↓　　　　查看下一页

(3)热键

热键设有三种设置:测距、测存、关闭。在菜单的系统设置中配置。
常规测量显示界面如图 6-3 所示。

```
[常规测量]    1/2 PPM:1 mm:0
点号  :        24
编码  :        00
棱镜高:       1.518 m
水平角:  143°32′39″
垂直角:93°32′39″IR
▲  :   - - - . - - - m
[置 Hz]   [设站]   [测距]   [记录]
```

图 6-3　常规测量显示界面

3. 角度、距离测量

当仪器安置架设完毕,打开电源开关,全站仪就做好了测量准备。

(1)水平角值设置

①水平角归零　按[Hz=0]软按钮,将水平方向值置零,瞄准后视点之后,按该键即可。

②输入水平角　按[置 Hz]软按钮,输入水平角值,按回车键即可。

(2)测角及测距

按[测距]软按钮测距、测角一次。

4. 坐标测量

(1)设站

每个目标点坐标计算都与测站的设置有关。

至少要设置测站的平面坐标。测站高程需要时输入,测站点坐标可以人工输入,也可以在仪器内存中读取。

• 内存中的已知点

①选择内存中已知点的点号。

②输入仪器高。

[H-传递]:启动高程传递功能。

按[确认]:按输入的数据设置测点。

• 人工输入

①[坐标]:弹出人工输入坐标对话框。

②输入点号和坐标。

③[保存]:保存测站坐标,接下去输入仪器高。

④[确认]:按输入的数据设置测站。

• 定向

定向时,可以人工输入水平方位角,也可以由已知坐标的点定向。

• 人工输入

①[F1]:启动测量定向。

②输入后视点号水平角、棱镜高。

③瞄准后视点。

④[测角]:记录定向值并测量。

⑤[测存]:记录定向值。
- 用坐标定向
①[F2]:启动坐标定向。
②输入定向点点号,核对查到点的数据。
③输入并确认棱镜高。
④[测量]:设置定向值并测量。
⑤[确认]:设置定向值。
(2)瞄准目标,按[记录]软按钮,测量并记录

测量程序对测量的点数没有限制。测量程序和常规测量相比,只是在引导设置测站和已知目标点坐标定向的辅助显示等方面会有所不同。

七、拓普康 GTS-600 系列全站仪

1. 拓普康 GTS-600 系列全站仪的主要部件(图 7-1)

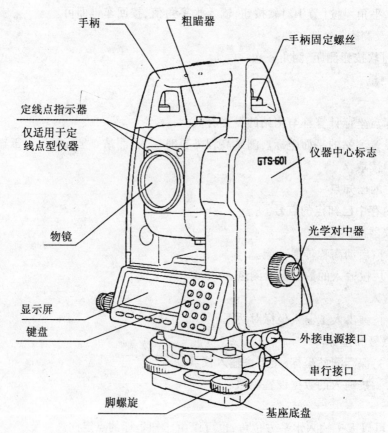

图 7-1 拓普康 GTS-600 系列全站仪

2. 主要功能键介绍

图 7-2 所示为拓普康 GTS-600 系列全站仪的操作键盘,其具体功能如表 7-1 所示。

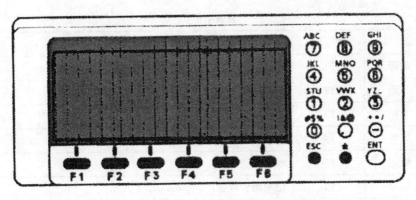

图 7-2

表 7-1

按 键	名 称	功 能
F1～F6	软键	功能参见所显示的信息
0～9	数字键	输入数字、用于预置数值
A～/	字母键	输入字母
ESC	退出键	退回到前一个显示屏或前一个模式
*	星键	用于若干仪器常用功能的操作
ENT	回车键	数据输入结束并认可时按此键
POWER	电源键	控制电源的开/关（位于仪器支架侧面上）

软键功能标记在显示屏的底行。该功能随测量模式的不同而变化。常规测量的显示界面如图 7-3 所示。软键的具体功能见表 7-2。

```
V: 87°55′45″5
HR:180°44′12″5


斜距    平距    坐标    置零    锁定    P1 Ⓡ
[F1]   [F2]   [F3]   [F4]   [F5]   [F6]
```

图 7-3 常规测量显示界面

表 7-2　　　　　　　　　　　　　　　　软键功能

模式	显示	软键	功能
角度测量	斜距	F1	倾斜距离测量
	平距	F2	水平距离测量
	坐标	F3	坐标测量
	置零	F4	水平角置零
	锁定	F5	水平角锁定
	记录	F1	记录测量数据
	置盘	F2	预置一个水平角
	R/L	F3	水平角右角/左角变换
	V/%	F4	垂直角/百分度的变换
	倾斜	F5	设置倾斜改正功能开关(ON/OFF),选择ON,则显示倾斜改正值
斜距测量	测量	F1	启动斜距测量模式,选择连续测量/N次(单次)测量模式
	模式	F2	设置精测/粗测/跟踪模式
	角度	F3	角度测量模式
	平距	F4	平距测量模式,显示N次或单次测量后的水平距离
	坐标	F5	坐标测量模式,显示N次或单次测量后的坐标
	记录	F1	记录测量数据
	放样	F2	放样测量模式
	均值	F3	设置N次测量的次数
	M/ft	F4	距离单位米或英尺的变换
平距测量	测量	F1	启动平距测量,选择连续测量/N次(单次)测量模式
	模式	F2	设置精测/粗测/跟踪模式
	角度	F3	角度测量模式
	斜距	F4	斜距测量模式,显示N次或单次测量后的倾斜距离
	坐标	F5	坐标测量模式,显示N次或单次测量后的坐标
	记录	F1	记录测量数据
	放样	F2	放样测量模式
	均值	F3	设置N次测量的次数
	M/ft	F4	距离单位米或英尺的变换

续表

模式	显示	软键	功能
坐标测量	测量	F1	启动坐标测量,选择连续测量/N次(单次)测量模式
	模式	F2	设置精测/粗测/跟踪模式
	角度	F3	角度测量模式
	斜距	F4	斜距测量模式,显示N次或单次测量后的倾斜距离
	平距	F5	平距测量模式,显示N次或单次测量后的坐标
	记录	F1	记录测量数据
	高程	F2	输入仪器高/棱镜高
	均值	F3	设置N次测量的次数
	M/ft	F4	距离单位米或英尺的变换
	设置	F5	预置仪器测站坐标

3. 角度测量

(1)水平角(右角)和垂直角测量的步骤

确保在角度测量模式下,首先照准一个目标;接着设置目标的水平角度数为0°00′00″,即按[F4](置零)键和[F6](设置)键;最后,照准第二个目标,此时仪器上显示此目标点的水平角和垂直角。

示例:

操作步骤	按键	显示
①照准的一个目标(A)	照准A	V: 87°55′45″ HR:180°44′12″ 斜距 平距 坐标 置零 锁定 P1↓
②设置目标(A)的水平角的读数为0°00′00″	[F4]	[水平度盘置零] HR:00°00′00″ 退出　　　　　　　　设置
按[F4](置零)键和[F6](设置)键	[F6]	V: 87°55′45″ HR:00°00′00″ 斜距 平距 坐标 置零 锁定 P1↓
③照准第二个目标(B),此时仪器上显示此目标点的水平角和垂直角	照准B	V: 87°55′45″ HR:123°45′50″ 斜距 平距 坐标 置零 锁定 P1®

（2）水平度盘读数的设置

①利用锁定水平角法设置

确保在角度测量模式下,首先利用水平微动螺旋设置水平度盘读数;接着按[F5]（锁定)键,启动水平度盘锁定功能;然后,照准用于定向的目标点;最后,按[F6]（解除)键,取消水平度盘锁定功能,之后显示返回正常的角度测量模式。(注:要返回到先前模式,可按[F1]（退出)键)

②利用数字键设置

确保在角度测量模式下,首先照准用于定向的目标点;接着按[F6]（↓)键,进入第二页功能,按[F2]（置盘)键;然后,输入所需的水平度盘读数;最后,按[ENT]键。至此,即可进行定向后的正常角度测量(注:若输入有误,可按[F6]（左移)键移动光标,或者按[F1]（退出)键重新输入正确的值;若输入错误数值(例如70′),则设置失败,须从输入所需的水平度盘读数起重新设置)。

4. 距离测量

确保在角度测量模式下,首先照准棱镜中心;然后,按[F1]（斜距)键或[F2]（平距)键,之后显示测量结果。

示例:

操作步骤	按 键	显 示
①照准棱镜中心	[F2]	V： 90°10′20″ HR：120°30′40″ 斜距　平距　坐标　置零　锁定 P1↓
②按[F1]（斜距)键或[F2]（平距)键		V： 90°10′20″ HR：120°30′40″　　PSM　0.0 HD： 716.66 ppm 0.0 VD： 4.001(m) *F.R 测量　模式　角度　斜距　坐标 P1↓
③显示测量结果		V： 90°10′20″ HR：120°30′40″　　PSM　0.0 HD： 716.66 ppm 0.0 VD： 4.001(m) *F·R↓ 测量　模式　角度　斜距　坐标 P1↓

注:①显示在窗口第四行右面的字母表示如下测量模式:F:精测模式,C:粗测模式,T:跟踪模式,R:连续(重复)测量模式,S:单次测量模式,N:N次测量模式;②当电子测距正在进行时,"★"号就会出现在显示屏上;③测量结果显示时伴随着蜂鸣声;④如测量结果受到大气闪烁等因素影响,则自动重复观测;⑤若要改变单次测量,按[F1]（测量)键;⑥返回角度测量模式,可按[F3]（角度)键。

5. 坐标测量

(1) 设站

按[F1]键,进入程序模式,选择[1],设置水平方向的方向角(BS),显示测站点和后视点坐标输入。输入坐标后,仪器可计算出后视定向角。

示例:

操作步骤	按 键	显 示		
①按[F2](设置方向)键,显示当前测站数据	F2	程序 F1 F2 F3 F4	标准测量 设置方向 导线测量 悬高测量	4/9 翻页
②按[F6](确认)键	[F6]	设置方向值 测站点 N: E: 输入	1234.567m 2345.678m	确认
③输入后视点 A 的坐标		设置方向值 后视点 N: E: 输入	54.321m 12.345m	确认
④照准后视点 A	照准后视点 A	设置方向值 方向值 HR: >设置否? 退出	320°10′20″	是 否
⑤按[F5](是)键,显示返回主菜单	[F5]	设置完毕		

(2) 坐标测量

设置好测站点(仪器位置)相对于坐标原点的坐标后,仪器便可以求出并显示未知点(棱镜位置)的坐标。操作步骤:确认在角度测量模式下,按[F3](坐标)键,进入下一屏,接着按[F6](↓)键,进入第二页功能,然后按[F5](设置)键,显示以前的数据,最后输入新的坐标值并按[ENT]键,测量开始。如果想退出或者取消设置,按[F4]键即可。

示例:

操作步骤	按键	显示
		V: 90°10′20″ HR:120°30′40″ 斜距 平距 坐标 置零 锁定 P1↓
①按[F3](坐标)键	[F3]	N: < E: PSM 0.0 Z: ppm 0.0 (m) *F.R 测量 模式 角度 斜距 平距 P1↓
②按[F6](↓)键,进入第二页功能	[F6]	记录 高程 均值 m/ft 设置 P2↓
③按[F5](设置)键,显示以前的数据	[F5]	[设置测站点] N:12345.6700 E: 12.3400 Z: 10.23000 退出 左移
④输入新的坐标值并按[ENT]键 测量开始	输入N坐标 [ENT] E坐标[ENT] Z坐标[ENT]	[设置测站点] N: 0.0000 E: 0.0000 Z: 0.0000 退出 左移
		完毕 ↓ N: < E: PSM 0.0 Z: ppm 0.0 (m) *F.R 记录 高程 均值 m/ft 设置 P2↓

设置仪器高/棱镜高:坐标测量必须输入仪器高和棱镜高,以便直接测定未知点坐标。其输入步骤如下:仍然是确保在角度测量模式下,按[F3](坐标)键,进入下一屏,接着在坐标观测模式下按[F6](↓)键,进入第二页功能,然后按[F2](高程)键,显示以前的数据,然后再输入仪器高,按[ENT]键,最后输入棱镜高,按[ENT]键返回坐标测量模式。如果想退出或者取消设置,按[F4]键即可。

坐标测量的操作:确保在角度测量模式下,首先设置测站坐标和仪器高/棱镜高,接着设置已知点的方向角,然后再照准目标,按[F3](坐标)键,开始观测,并显示结果。(注意:若未输入测站点坐标,则以缺省值(0,0,0)作为测站坐标;若未输入仪器高和棱镜高,则亦以0代替。在此模式下,按[F1](测量)键,可更换观测模式(连续观测/N次观测),按[F2](模式)键,可更换测距模式(精测/粗测/跟踪))。

八、全站仪电池的使用

1. 电池充电步骤

(1)将充电器插头插入交流电插座内;

(2)将充电器的输出插头插到电池充电插座上,充电器指示灯闪动表示开始充电;

(3)充电指示灯不再闪动表示充电结束;

(4)拔下充电器插头,取出电池。

2. 电池的装卸步骤

(1)拓普康 GTS-600 系列全站仪

电池的取出:拉开电池两侧固定锁杆的同时即可取出电池。

电池的安装:将电池放到仪器上,慢慢将电池推入直到咔嗒一声为止。

(2)NiKon DTM-800 系列全站仪

电池的取出:朝箭头指示的反方向旋转电池安装按钮,直到它们停在水平位置,按住安装按钮,向上提起电池。

电池的安装:确认电池安装钮处在水平位置,将电池安装钮上的标记与主机的标记对齐,按下两边的安装按钮,使之沿安装导引销放,当安置表面与顶面相接触时,放开手指,朝箭头指示方向旋转电池安装按钮到极限,锁住旋钮避免主机滑落。

(3)索佳系列全站仪

安装:

①电池护盖开关按钮,向下按下开关按钮打开电池护盖;

②插入电池,向下按直到听到咔嗒声响;

③合上电池护盖,按下开关按钮直到听到咔嗒声响。

3. 电池使用注意事项

(1)不要将电池放置在 35℃ 以上的高温环境下,以免影响电池的使用寿命。

(2)为确保电池的性能,长期不使用时应每个月为电池充一次电。

(3)不要对刚充好的电池再次充电,否则电池的性能会降低。

(4)不要在电量完全耗尽后再对电池充电,以免充不进电或者电池工作时间缩短。

(5)卸下电池前务必先关闭电源。

(6)安装或卸下电池时,应确保电池与仪器内接触点的干燥和清洁。

(7)充电时充电器发热属正常现象。

(8)充电指示灯:若温度超出充电器的工作温度或者电池装入不正确,充电指示灯关闭。除此之外,若充电指示灯总是不亮,请与产品代理商联系。

(9)不同型号的全站仪要使用该型号专用的电池、充电器及其附件。

第四部分 数字地形图测量规定

一、图根控制测量

1. 图根平面控制测量

图根平面控制测量是数字地形图测量的基础,可采用图根三角锁(网)、图根导线、GPS方法测定,局部地区可采用交会定点方式。

图根导线应布设成附合导线、闭合导线或导线网,导线的形状应尽可能布设成等边直伸,同级附合一次为限。表1-1为光电测距图根导线的主要技术要求。

表1-1　　　　　　　　光电测距图根导线的主要技术要求

导线长度/m	测角中误差/(″)	导线全长相对闭合差	角度测量仪器	角度测量测回数	方向角闭合差/(″)	测距仪等级	距离测量测回数
900	≤±20	$\leq \dfrac{1}{4\,000}$	DJ6	1	$\leq \pm 40\sqrt{n}$	Ⅱ级	单程观测1

表中:n 为测站数;Ⅱ级测距仪每千米测距中误差应满足:$5\text{mm} < m_D \leq 10\text{mm}$。

图根导线在布设和测量时,应执行以下规定:

(1)当图根导线布设结点网时,结点与高级点间、结点与结点间的导线长度不得大于附合导线规定长度的0.7倍。

(2)当图根导线的长度短于300m时,导线全长绝对闭合差不得超过±15cm。

(3)导线边数不得超过12条。

(4)在困难地区可布设支导线,支导线总长应小于450m,边数不得超过4条。角度和边长必须往返观测,边长观测往返较差应小于测距仪标称精度的2倍,角度观测往返较差应小于±40″。

(5)图根导线的坐标计算可采用近似或严密的平差计算方法。

2. 图根高程控制测量

图根高程控制测量可采用几何水准测量、光电测距三角高程和GPS高程测量方法进行。图根水准应在等级水准点下加密,可布设附合水准路线、闭合水准路线或水准网。当条件困难时可布设图根水准支线,但必须往返观测。表1-2为图根水准测量主要技术要求。

表 1-2　　　　　　　　　　　图根水准测量主要技术要求

路线长度/km	每千米高差中误差/mm	水准仪	水准尺	观测次数		闭合差或往返互差	
				支线	附合路线	平地/mm	山地/mm
8	≤±20	S_{10}	双面	往返	单程	$\leq \pm 40\sqrt{L}$	$\leq \pm 12\sqrt{n}$

表中：L 为水准路线的总长（km），n 为测站数。

图根水准应采用精度等级不低于 S_{10} 的水准仪或电子水准仪观测，视线最大长度应小于 100m，红黑面高差之差应小于 ±5mm，红黑面读数之差应小于 ±3mm。

二、地 形 测 量

1. 地物的测绘

（1）测绘地物的一般原则

地物一般可分为两大类：一类是自然地物，如河流、湖泊、森林、草地、独立岩石等；另一类是经过人类物质生产活动改造了的人工地物，如房屋、高压输电线、铁路、公路、水渠、桥梁等。所有这些地物都要在地形图上表示出来。

地物在地形图上的表示原则是：凡是能依比例尺表示的地物，应将它们水平投影位置的几何形状相似地描绘在地形图上，如房屋、双线河流、运动场等。或是将它们的边界位置表示在图上，边界内再给上相应的地物符号，如森林、草地、沙漠等。对于不能依比例尺表示的地物，在地形图上应以相应的地物符号表示在地物的中心位置上，如水塔、烟囱、纪念碑、单线道路、单线河流等。

地物测绘主要是将地物的形状特征点测定下来。例如，地物的转折点、交叉点、曲线上的弯曲变换点、独立地物的中心点等，连接这些特征点，便得到与实地相似的地物形状。

（2）居民地的测绘

测绘居民地根据所需测图比例尺的不同，在综合取舍方面就不一样。对于居民地的外轮廓，都应准确测绘。其内部的主要街道以及较大的空地应区分出来。对散列式的居民地、独立房屋应分别测绘。

固定建筑物应实测其墙基外角，并注明结构和层次；建筑物的结构应从主体部分来判断，其附属部分（如裙房、亭子间、晒台、阳台等结构）应不作为判别对象；建筑物楼层数的计算应以主楼为准。

房屋附属设施，廊、建筑物下的通道、台阶、室外扶梯、院门、门墩和支柱（架）、墩应按实际测绘，并以图式符号表示。

房屋墩、柱的凸出部分在图上大于 0.4mm（简单房屋大于 0.6mm）的必须逐个如实测绘，否则可以墙基外角为主综合取舍。

对于围墙 1:500、1:1 000 测图时，围墙在图上宽度小于 0.5mm 的可放宽至 0.5mm，图上宽度大于 0.5mm 的应依比例尺绘制，1:2 000 测图时，应按"不依比例尺的"符号绘制。起境界作用的栅栏、栏杆、篱笆、活树篱笆、铁丝网等必须测绘，有基座的应实测外围，隔离道路或保护绿化的可免测。

（3）道路及桥梁的测绘

铁路轨道、电车轨道、缆车轨道等应实测中心线，架空索道应实测铁塔位置，高架轨道应实测路边线的投影位置和墩柱,地面上的轨道及岔道应实测,架空的轨道可沿路线走向配置绘示,但必须与地面轨道衔接平顺。

站台、天桥、地道、岔道、转盘、车挡、信号设备、水鹤等车站附属设施应实测。站台、雨棚应实测范围,符号绘示。地道应按实测绘出入口。

高速公路、等级公路、等外公路等应按其宽度测绘,并注记公路技术等级代码,国道应注出路线编号。高架路的路面宽度及其走向应按实际投影测绘,实线绘示。露天的支柱应用实线绘示;路面下的支柱按比例测绘的应用虚线表示,不按比例测绘的可用符号表示。

公路在图上一律按实际位置测绘。公路的转弯处、交叉处,立尺点应密一些,路边按曲线进行绘制。公路两旁的附属建筑物都应按实际位置测出,公路的路堤和路堑也应测出。

大车路应按其实宽依比例尺测绘,如实地宽窄变化频繁,可取其中等宽度绘成平行线。

乡村路应按其实宽依比例尺测绘。乡村路中通过宅村仍继续通往别处的,其在宅村中间的路段应尽量测出,以求贯通,不使其中断,如路边紧靠房屋或其他地物的,则可利用地物边线,可不另绘路边线。如沿河浜边的,其路边线仍应绘出,不得借用浜边线。

人行小路主要是指居民地之间来往的通道,田间劳动的小路一般不测绘,上山小路应视其重要程度选择测绘。小路应实测中心位置,单线绘示。

内部道路,除新村中简陋、不足2m宽和通向房屋建筑的支路可免测外,其余均应测绘。

路堑、路堤、坡度表、挡土墙应按实测绘,涵洞应按实测绘,路标应按实测绘,双柱的路标应实测中间的位置,里程碑应实测位置。

铁路平交道口应按实测绘,其他道路应在铁路处中断。

立体交叉路,如铁路在上时,公路应在铁路路基处中断。反之,公路在上时,铁路应在公路处中断。

公路桥、铁路桥的桥头、桥身应按实测绘,并注记建筑结构;水中的桥墩可不测绘。漫水桥、浮桥应加注"漫"、"浮"等字。桥面上的人行道、图上宽度大于1mm的应表示。

双层桥的主桥、引桥和桥墩应按实测绘,人行桥、级面桥在图上宽度大于1mm的应依比例尺表示,否则可不依比例尺表示。

渡口应区分行人渡口或车辆渡口,分别标注"人渡"或"车渡",同时绘示航线。固定码头、浮码头,码头轮廓线应实测,按其建筑形式以相应的符号绘示。

(4) 管线的测绘

高压线应全部测绘,图上以双箭头符号表示。成组的高压电杆,应实测杆位,中间用实线连接。低压线在街道、郊区集镇、棚户区等内部主要干道上的应全部测绘。

电杆、电线架应实测位置,不分建筑材料、断面形状,用同一符号表示。电杆之间可连线,多种电线在一个杆柱上时,可只表示主要的。

电线塔应依实际形状表示,实测电线塔底脚的外角。1:2 000测图时,电线塔大于符号的应依实测绘,否则应实测中心位置,并按不依比例尺符号绘示。

对于电线杆上的变压器,变压器应按实际位置及方向用符号绘示,支柱可不表示。

集束的、长期固定的通信线路均应测绘,电杆之间可不连线。

架空的、地面上的管道应按实测绘。对于架空管道的支柱,单柱的架空管道支柱尺寸在图上大于1.0mm×1.0 mm的应依比例测绘,否则可按不依比例符号绘示。双柱和四柱的架空管道支柱,如果支柱尺寸在图上大于1.0 mm×1.0 mm的应依比例测绘,支柱之间用实线连接,管线在支柱连线中央通过,否则可按不依比例逐个绘示支柱符号。如逐个绘示支柱符号重叠的,可在双柱或四柱的中心绘示单个支柱符号。

地下检修井应实测井盖的中心位置,井框可不测绘(地下管线测量除外),并按检修井类别用相应符号表示。工矿、机关、学校等单位内的检修井,应测出进单位的第一只井位,单位内部的可免测。1∶2 000测图时地下检修井可免测。

污水篦子应按实测绘,工厂、单位内部的和1∶2 000测图时污水篦子可免测。

对消火栓,无论是地上或地下的都应测绘,工厂、单位内部的和1∶2 000测图时消火栓可免测。

各种有砌框的地下管线的阀门均应测绘,当阀门池在图上大于符号尺寸时,应依比例尺表示,内绘阀门符号。小的开关、水表等可免测。1∶2 000测图时阀门可免测。

(5)水系及附属设施的测绘

水系包括河流、渠道、湖泊、池塘等地物,通常无特殊要求时均以岸边为界,如果要求测出水涯线(水面与地面的交线)、洪水位(历史上最高水位的位置)及平水位(常年一般水位的位置)时,应按要求在调查研究的基础上进行测绘。

江、河、湖等的岸线均应测绘,宜测在大堤(包括固定种植的滩地)与斜坡(或陡坎)相交处的边沿。

渠道应实测外肩线,其宽度在图上大于1mm(1∶2 000图上大于0.5mm)的应双线表示,否则应实测渠道中心位置用单线表示。如堤顶宽度大于2m的应加绘内肩线,渠道外侧应绘示陡坡或斜坡符号。

水沟应实测岸线,每一侧用单线绘示。水沟的宽度及深度均不满1m的可免测。如宽度及深度有一项达1m、且长度达100m的应测出,如大部分达到应测标准,而中间一段不足应测标准的,仍应全部测出不应间断。公路两旁的排水沟,应按上述标准取舍。对1∶2 000测图,水沟宽度小于2m时用单线表示。

水闸宽度在图上大于4mm的应按依比例尺测绘,否则可按不依比例尺测绘。当符号与房屋建筑有矛盾时可省略符号,注"闸"字。

防洪墙应按实宽测绘,双线绘示,当图上宽度小于0.5mm时,可放宽至0.5mm,定位线为靠陆地一侧的边线。墙体上的栅栏、栏杆可不表示。

高出地面0.5m的土堤应测绘。堤顶宽在图上大于1mm(1∶2 000图上为0.5mm)的应实宽绘示,否则可按坎的符号表示。

输水槽宽在图上小于1mm时,可放宽至1mm绘示,槽宽在图上小于2mm时,槽中的渠线可免绘。

水井可选居民地外围主要的水井测绘,土井或废弃的水井以及房子内的机井可免测。

陡岸可分为有滩陡岸和无滩陡岸,并根据土质或石质按相应的图式符号表示。有滩陡岸其河滩宽度在图上大于3mm时,应填绘相应的土质符号。

2. 地貌的测绘

(1)地形点选择

不管地形怎样复杂,实际上都可以把地面看成是由向着各个不同方向倾斜和具有不同坡度的面所组成的多面体。山脊线、山谷线、山脚线(山坡和平地的交界线)等可以看做是多面体的棱线,测定这些棱线的空间位置,地形的轮廓也就确定下来了。因此,这些棱线上的转折点(方向变化和坡度变化处)就是地形特征点。地形特征点还包括山顶、鞍部、洼坑底部等以及其他地面坡度变化处。

(2)大比例尺测图时,地形点间距的规定如表 2-1 所示

表 2-1　　　　　　　　　　　　　　地形点间距

比例尺	地形点间距/m
1∶500	15
1∶1 000	30
1∶2 000	50

(3)对于不同的比例尺和不同的地形,基本等高距的规定见表 2-2

表 2-2　　　　　　　　　　　　　地形图的基本等高距

比例尺	丘陵基本等高距/m	山地基本等高距/m
1∶500	0.5	0.5
1∶1 000	0.5	1
1∶2 000	1.0	2

(4)对于不能用等高线表示的地形,例如悬崖、峭壁、土坎、土堆、冲沟等,应按地形图图式所规定的符号表示

(5)高程点及注记

高程点的间距,在平坦地区的高程散点其间距在图上 5～7cm 为宜,如遇地势起伏变化时,应予适当加密。

对居民地高程点的布设,在建成区街坊内部空地及广场内的高程,应设在该地块内能代表一般地面的适中部位,如空地范围较大,应按规定间距布设,如地势有高低起伏时,应分别测注高程点。

对农田高程点的布设,在倾斜起伏的旱地上,应设在高低变化处及制高部位的地面上,在平坦田块上,应选择有代表性的位置测定其高程。

高低显著的地貌,如高地、土堆、洼坑及高低田坎等,其高差在 0.5m 以上者,均应在高处及低处分别测注高程。土堆顶部如呈隆起形者,除应在最高处测注高程外,并应在其顶周围适当布设若干高程点。

铁路的高程,除特定要求外,宜测其轨顶高程,弯道处测在内侧轨顶上。路基高程应设在路基面上,除高低变化处外,可按规定间距分别在铁轨两侧交错布设。高架轨道的高程免测。

对道路高程的测绘,郊区公路、市政道路、街道、里弄、新村及机关、工厂等单位内部干道上的高程点,应测在道路中心的路面上。高架道路的高程可免测。

(6)其他地貌

对山洞的测绘,应在洞口位置上按真方向绘出符号。人工修筑的山洞和探洞也应用此符号表示。

对依比例尺表示的独立石,应实测轮廓线,点线表示,中置石块符号,测注比高。

对面积较大的石堆,应实测范围线,点线绘示,中置符号。

对土堆的测绘,应实测顶部和底脚的概略轮廓,顶部实线绘示,底脚点线绘示,同时应测注顶部和底部的高程。

对坑穴的测绘,应实测边缘,测注底部高程。

对沙地、砂砾地、石块地、盐碱地、小草丘地、龟裂地、沼泽地、盐田、盐场、台田等土质的测绘,应按实测绘,图式绘示。

第五部分 控制测量计算程序(C++)参考

一、角度以度分秒单位化为弧度

```cpp
/* 度分秒→十进制度 */
double deg_int(double gms)
{
    double g, m;
    double s;
    double m_gms;

    if(gms > -0.00000000001 && gms < 0.00000000001)
        return 0;
    m_gms = modf(gms + 0.00000000001, &g);
    s = modf(100.0 * m_gms + 0.000000001, &m) * 100.0;
    return (g + m / 60.0 + s / 3600.0);
}


/* 十进制度→弧度 */
double int_radian(double intdeg)
{
    // PI 圆周率(PI = 3.14159265358979323846264338327 95)
    return (intdeg * PI / 180.0);
}
```

二、坐标正算

```cpp
/* 坐标正算 */
DPOINT coordcoun(DPOINT P, double length, double bear)
// DPOINT 点的双精度浮点坐标对(Px, Py)
// bear 为方位角,单位为弧度
{
    DPOINT Pm;
    Pm.x = P.x + length * cos(bear);
    Pm.y = P.y + length * sin(bear);
```

```
    return Pm;
}
```

三、坐标反算

```
/* 计算方位角 */
double d_azim(DPOINT Pa, DPOINT Pb)
{
    double bear;              // bear 的单位为弧度
    double dx, dy;

    dx = Pb.x - Pa.x;
    dy = Pb.y - Pa.y;

    if(fabs(dx) < 0.0000001)
        dx = (dx < 0)? -0.0000001 : 0.0000001;

    bear = st_dang(atan2(dy, dx));
    return bear;
}

/* 化角度为 0~2π 之间 */
double st_dang(double Ang)
// Ang 的单位为弧度
{
    if(Ang >= 2 * PI)
        Ang -= 2 * PI;
    else if(Ang < 0)
        Ang += 2 * PI;

    return Ang;
}

/* 计算边长 */
double d_length(DPOINT Pa, DPOINT Pb)
{
    double length;

    length = sqrt((Pb.x - Pa.x) * (Pb.x - Pa.x) + (Pb.y - Pa.y)
              * (Pb.y - Pa.y));
```

```
    return length;
}
```

四、导线方位角的计算

```
/* 导线方位角的计算 */
void pol_azim(short num, double ao, double b[ ], double a[ ])
// ao 为第一条边的方位角
// a[ ]为方位角,从第一条边开始
// 对于无定向导线、支导线,num 为导线点数;对于附合导线,num 为导线点数 + 1
{
    short i;

    a[0] = ao;

    for(i = 1; i < num - 1; i ++)
    {
        a[i] = d_reazim(a[i-1]) + b[i];
        a[i] = st_angle(a[i]);
    }
}

/* 反方位角 */
double d_reazim(double bear)
// bear 以度为单位
{
    if(bear > = 180)
        bear - = 180;
    else
        bear + = 180;
    return bear;
}

/* 化角度为 0~360°之间 */
double st_angle(double Ang)
// Ang 为角度,单位为度
{
    if(Ang > = 360)
        Ang - = 360;
    else if(Ang < 0)
```

```
        Ang + = 360;

    return Ang;
}
```

五、导线坐标的计算

```
/* 导线坐标的计算 */
void pol_cood ( short num, double xa, double ya, double d[ ],
            double a[ ], double x[ ], double y[ ])
// xa、ya 为导线起点坐标,a[ ]、d[ ]分别是从第一条边开始的方位角和距离
{
    short i;
    DPOINT P, M;

    x[0] = xa;
    y[0] = ya;

    for( i = 0; i < num - 1; i + + )
    {
        P. x = x[i];
        P. y = y[i];
        M = coordcoun( P, d[i], int_radian(a[i]));
        x[i+1] = M. x;
        y[i+1] = M. y;
    }
}
```

六、前方交会的计算

```
/* 两方向前方交会 */
DPOINT ppcross( DPOINT Pa, double a_bear, DPOINT Pb, double b_bear)
// a、b 为已知点,P 为待定点
// a_bear、b_bear 为两方向的方位角,单位为弧度
{
    DPOINT P;
    double lta, ltb, ltc;

    lta = Pa. y * cos( a_bear) - Pa. x * sin( a_bear);
    ltb = Pb. y * cos( b_bear) - Pb. x * sin( b_bear);
```

```
ltc = cos(a_bear) * sin(b_bear) - cos(b_bear) * sin(a_bear);

P.x = (lta * cos(b_azim) - ltb * cos(a_azim)) / ltc;
P.y = (lta * sin(b_azim) - ltb * sin(a_azim)) / ltc;
return P;
}
```

七、后方交会的计算

```
/* 三方向后方交会 */
BOOL Resection(DPOINT Pa, DPOINT Pb, DPOINT Pc, double angle1, double angle2,
               DPOINT &P)
// 由两圆相交求待定点
// a、b、c 为一组顺时针方向的已知点,P 为待定点
// angle1 为 p-a 顺时针到 p-b 的转角,angle2 为 p-b 顺时针到 p-c 的转角
// angle1, angle2 的单位为弧度
{
    DPOINT Po1, Po2, Pm;        // m 为 b 点到圆心连线 o1-o2 的垂足点
    DPOINT P1, P2;
    double Radius1, Radius2;    // 两圆半径
    double Sm;                  // Sm 为 b 点到 m 点 的距离
    double Am;                  // Am 为 b 点到 Pm 的方位角

    if(fabs(angle1 - PI) < 0.000001)
    {
        FixAngCircle(Pb, Pc, angle2, Po2, Radius2);
        SeclineCrossCir(Pa, Pb, Po2, Radius2, P1, P2);

        if(d_length(P1, Pb) < 0.1)
            P = P2;
        else
            P = P1;
        return TRUE;
    }

    if(fabs(angle2 - PI) < 0.000001)
    {
        FixAngCircle(Pa, Pb, angle1, Po1, Radius1);
        SeclineCrossCir(Pb, Pc, Po1, Radius1, P1, P2);
```

```
    if( d_length( P1, Pb) < 0.1)
       P = P2;
    else
       P = P1;

    return TRUE;
}

    FixAngCircle( Pa, Pb, angle1, Po1, Radius1);
    FixAngCircle( Pb, Pc, angle2, Po2, Radius2);
      if( d_length( Po1, Po2) < 0.1)
         return FALSE;

      Pm = verticalpoint( Po1, Po2, Pb);
      Sm = d_length( Pb, Pm);
      Am = d_azim( Pb, Pm);
      P = coordcoun( Pm, Sm, Am);
      return TRUE;
}

/* 直线段和定角确定的圆 */
void FixAngCircle( DPOINT Pa, DPOINT Pb, double Angle, DPOINT
              &Po, double &Radius)
// a、b 为直线段端点,Angle 为定角
// Po 为圆心坐标,Radius 为圆半径
{
    DPOINT Pm;
    double Sab, Sm;
    double A;
    double Bearing;

    Sab = d_length( Pa, Pb);         // ab 的长度
    Bearing = d_azim( Pa, Pb);       // ab 的方位角
    Pm = linemidxy( Pa, Pb);         // m 为 ab 的中点

    if( Angle > PI)
       A = 2 * PI - Angle;
else
       A = Angle;
```

```
    if( fabs( A - 0.5 * PI ) < 0.000001 )
    {
      Radius = 0.5 * Sab;
      Po = Pm;
      return;
    }

    Radius = 0.5 * Sab / sin( A );
    Sm = sqrt( Radius * Radius - 0.25 * Sab * Sab );

    if( Angle < 0.5 * PI || ( Angle > PI && Angle < 3 * PI / 2 ) )
      Po = coordcoun( Pm, Sm, st_dang( Bearing + PI / 2 ) );
    else
      Po = coordcoun( Pm, Sm, st_dang( Bearing - PI / 2 ) );
}

// 直线段和圆相交
BOOL SeclineCrossCir( DPOINT Pa, DPOINT Pb, DPOINT Po, double
                      Radius, DPOINT &P1, DPOINT &P2 )
// P1、P2 为直线和圆相交的两个交点
{
    double A1, B1, C1, A2, B2, C2;

    Epointsline( Pa, Pb, A1, B1, C1 );  //    直线方程的系数

    if( fabs( A1 * PO.x + B1 * PO.y + C1 ) / sqrt( A1 * A1 + B1 * B1 ) > Radius )
      return FALSE;

    A2 = 1 + B1 * B1 / ( A1 * A1 );
    B2 = B1 * C1 / ( A1 * A1 ) + B1 * PO.x / A1 - PO.y;
    C2 = PO.x * PO.x + PO.y * PO.y - Radius * Radius +
         C1 * C1 / ( A1 * A1 ) + 2 * C1 * PO.x / A1;

    P1.y = ( - B2 + sqrt( B2 * B2 - A2 * C2 ) ) / A2;
    P2.y = ( - B2 - sqrt( B2 * B2 - A2 * C2 ) ) / A2;
    P1.x = - ( B1 * P1.y + C1 ) / A1;
    P2.x = - ( B1 * P2.y + C1 ) / A1;

    return TRUE;
}
```

```
/* 垂足 */
DPOINT verticalpoint( DPOINT Pa, DPOINT Pb, DPOINT P)
{
    DPOINT Pm;                            // m 点为 P 点到 ab 直线的垂足
    double azim, vazim;

    azim = d_azim(Pa, Pb);                // ab 直线的方位角
    vazim = st_dang(azim + PI / 2);
    Pm = ppcross(Pa, azim, P, vazim);     // 两直线相交

    return Pm;
}

/* 两点式直线方程 */
void Epointsline( DPOINT Pa, DPOINT Pb, double &A, double &B, double &C)
// A * x + B * y + C = 0;
{
    A = Pb.y - Pa.y;
    B = Pa.x - Pb.x;
    C = - A * Pa.x - B * Pa.y;
}
```

八、边长交会计算

```
/* 边长交会 */
DPOINT DD_Intersection( DPOINT Pa, DPOINT Pb, double Sa, double Sb, short fm)
// a、b 为已知点,P 为待定点
// P 点在 a、b 右侧,则 fm = 1;P 点在 a、b 左侧,则 fm = -1
{
    DPOINT P;
    double Aab, Aap;
    double ang;
    double Sab;

    Aab = d_azim(Pa, Pb);                 //AB 边方位角
    Sab = d_length(Pa, Pb);               // AB 边边长
    Ang = cosine(Sa, Sab, Sb);
    Aap = st_dang(Aab + fm * ang);        // AP 边方位角
    P = coordcoun(Pa, Sa, Aap);
```

```
    return P;
}
```

/* 余弦定理 */
```
double cosine( double Sa, double Sb, double Sc)
// 返回 Sc 对应的角,单位为弧度
{
    return acos(.5 * (Sa * Sa + Sb * Sb - Sc * Sc) / (Sa * Sb));
}
```

九、法方程式系数阵求逆

```
/* 法方程式系数阵求逆 */
BOOL NormalInversion( long Nx, double Qb[ ] )
// Qb[ ] 法方程系数, Qb[0] = 0, 返回逆阵
// Nx 未知数个数
{
    long i, ii, ij, k, m;
    double Bp, Bq;
    double *Qp;

    if((Qp = new double[1000]) == NULL)
        return FALSE;

    m = 0;

    for(k = Nx; k >= 1; k--)
    {
        Bp = Qb[1];
        ii = 1;

        for(i = 1; i < Nx; i++)
        {
            m = ii;
            ii = ii + i + 1;
            Bq = Qb[m+1];

            if(i + 1 > k)
                Qp[i] = Bq / Bp;
            else
```

```
            Qp[i] = - Bq / Bp;
        for( ij = m + 2; ij <= ii; ij ++ )
            Qb[ ij - i - 1 ] = Qb[ ij ] + Bq * Qp[ ij - m - 1 ];
    }

    m = m - 1;
    Qb[ ii ] = 1 / Bp;

    for( i = 1; i < Nx; i ++ )
        Qb[ m + i + 1 ] = Qp[ i ];
    }

    delete[ ] Qp;
    return TRUE;
}
```

十、多边形面积计算

```
/* 面积计算( 测量坐标系 ) */
double d_area( short num, double x[ ], double y[ ] )
// 点顺时针排列
{
    short j;
    double area = 0;

    for( j = 1; j <= num - 1; j ++ )
    {
        if( j < num - 1 )
            area += .5 * y[ j ] * ( x[ j-1 ] - x[ j+1 ] );
        else
            area += .5 * y[ j ] * ( x[ i ] - x[ 1 ] );
    }

    return area;
}
```

十一、坐标相似变换计算

```
/* 坐标转换参数 */
void dig_fac( int num, double old_x[ ], double old_y[ ], double
```

```
           new_x[ ], double new_y[ ], double &fa, double &fb,
           double &fqa, double &fqb)
// num 为公共点个数,old_x、old_y 为原坐标系中的坐标,new_x、new_y 为新坐标系中
   的坐标
{
   int i;
   double sumnx = 0;
   double sumny = 0;
   double sumox = 0;
   double sumoy = 0;
   double old_xx[200];
   double old_yy[200];
   double number_a = 0;
   double number_b = 0;
   double sumsquar = 0;

   for( i = 0; i <= num - 1; i ++ )
   {
      sumnx + = new_x[i] / num;
      sumny + = new_y[i] / num;
      sumox + = old_x[i] / num;
      sumoy + = old_y[i] / num;
   }

   for( i = 0; i < num; i ++ )
   {
      old_xx[i] = old_x[i] - sumox;
      old_yy[i] = old_y[i] - sumoy;
      number_a + = old_xx[i] * new_x[i] + old_yy[i] * new_y[i];
      number_b + = old_yy[i] * new_x[i] - old_xx[i] * new_y[i];
      sumsquar + = old_xx[i] * old_xx[i] + old_yy[i] * old_yy[i];

   }

   fa = number_a / sumsquar;
   fb = number_b / sumsquar;
   fqa = sumnx - sumox * fa - sumoy * fb;
   fqb = sumny - sumoy * fa + sumox * fb;
}
```

```
/* 坐标转换 */
void dig_coord(double fa, double fb, double fqa,
               double fqb, double old_x, double old_y, double
               &new_x, double &new_y)
{
    newx = fa * old_x + fb * old_y + fqa;
    newy = fa * old_y - fb * old_x + fqb;
}
```

表 10 　　　　　　　　　　　　　碎 部 测 量 记 录

20　　年　　月　　日　　　测站＿＿＿＿＿＿　　　观测者＿＿＿＿＿＿

标定图板方向＿＿＿＿　仪器高＿＿＿＿　测站高程＿＿＿＿　记录者＿＿＿＿＿＿

点号	视距 /m	目标高 /m	竖盘读数 ° ′	竖角 ° ′	水平距离 /m	水平角 ° ′	高差 /m	高程 /m

班级＿＿＿＿＿＿　　　学号＿＿＿＿＿＿＿＿＿＿＿＿　　姓名＿＿＿＿＿＿＿

表 8   方向法观测记录

日期_____   仪器_____   观测者_____   记录者_____

觇点	读数			2c	$\frac{1}{2}(L+R\pm180°)$	一测回方向值	各测回平均方向
	盘 左	盘 右					
	° ′ ″	″	″	° ′ ″	″	″	″	° ′ ″	° ′ ″	° ′ ″

班级_____   学号_____   姓名_____

表6　　　　　　　　　　　　　水平度盘读数记录

日期_____　　仪器_____　　观测者_____　　记录者_____

测站	觇点	盘左读数	盘右读数	备注

班级_____　　学号_____　　姓名_____

表4　　　　　　　　　　　　二等水准测量记录

测自_____　　　　　　20　年　月　日　　　　　　　观测者_____
时刻:始___时___分　末___时___分　成像_____　　　　　　记录者_____

测站编号	后尺 下丝 上丝	前尺 下丝 上丝	方向及尺号	标尺读数		基+K 减 铺 ①-②	备注
	后 距	前 距		基本分划 ①	辅助分划 ②		
	视距差 d	$\sum d$					
			后	.	.		
			前	.	.		
			后－前	.	.		
			h	－	.		
			后	.	.		
			前	.	.		
			后－前	.	.		
			h	－	.		
			后	.	.		
			前	.	.		
			后－前	.	.		
			h	－	.		
			后	.	.		
			前	.	.		
			后－前	.	.		
			h	－	.		
			后	.	.		
			前	.	.		
			后－前	.	.		
			h	－	.		
			后	.	.		
			前	.	.		
			后－前		.		
			h	－	.		

班级_____　　学号_____　　姓名_____

表 2　　　　　　　　　　　　　　　普通水准测量

测自_____至_____　　　　　观测者_____
_____年___月___日　　　　　　记录者_____

测站	点　号	视距/m	后　视	前　视	高　差		高程/m	备注
					+	−		

班级_____　学号_____　姓名_____

表 1　　　　　　　　　　水准测量读数练习

日期_____　　　　　　　观测者_____
仪器_____　　　　　　　记录者_____

测　站	点　号	后 视 读 数	前 视 读 数	高

班级_____　　学号_____　　姓名_____

表 3　　　　　　　　　　　　四等水准测量记录

测自_____　　　天气_____　　　观测者_____
至_____　　　　成像_____　　　记录者_____
_____年_____月_____日

测站编号	后尺	下丝	前尺	下丝	方向及尺号	标尺读数		K +黑 -红	高差中数	备注
		上丝		上丝						
	后距		前距			黑面	红面			
	视距差 d		$\sum d$							
					后					
					前					
					后－前					
					后					
					前					
					后－前					
					后					
					前					
					后－前					
					后					
					前					
					后－前					
					后					
					前					
					后－前					
					后					
					前					
					后－前					

班级_____　　学号_____　　姓名_____

表 5 水准仪检验与校正

仪器编号＿＿＿＿＿＿＿＿＿＿　　　　　检验者＿＿＿＿＿＿
检验日期＿＿＿＿＿＿＿＿＿＿　　　　　记录者＿＿＿＿＿＿

检验项目	检验与校正过程			
圆水准器的检验	用虚线圆圈标示气泡位置			
	仪器整平后	仪器旋转180°后	用脚螺旋调整后	用校正针调整后
	⊙	⊙	⊙	⊙
十字丝横丝的检验	检验初始位置望远镜视场图（用×标示目标在视场中的位置）		检验终了位置望远镜视场图（用×标示目标在视场中的位置）	
	⊕		⊕	
i 角的检验	检 验 略 图			
	水准仪安置在 A、B 两点的中间		水准仪安置在 B 点附近	
	$a_1 =$ $b_1 =$ $h_{AB} = a_1 - b_1 =$		$a_2 =$ $b_2 =$ $h'_{AB} = a_2 - b_2 =$	
	$D_{AB} =$　　　　　　　　$D_A =$ $i = \dfrac{h'_{AB} - h_{AB}}{D_{AB}} \cdot \rho'' =$ $x_A = \dfrac{i}{\rho} D_A =$ $a'_2 = a_2 - x_A =$			

班级＿＿＿＿＿＿＿　　学号＿＿＿＿＿＿＿＿＿＿　　姓名＿＿＿＿＿＿＿＿

表 7　　　　　　　　　　　全站仪测量记录

20　年　月　日　　　　　　　　　　　　　　　观测者_____

仪器_____　　　　　　　　　　记录者_____

测站 (仪器高)	目标 (棱镜高)	竖盘 位置	水平角观测		竖角观测		距离测量		
			水平度盘 读数	方向值	竖盘 读数	竖角值	斜 距 /m	平 距 /m	高 差 /m
			° ′ ″	° ′ ″	° ′ ″	° ′ ″			

班级_____　　学号_____　　姓名_____

表 9 经纬仪检验与校正记录

仪器编号 DJ6 _____   观测者 _____
检验日期 _____   记录者 _____

检验项目	检验和校正过程			
	气 泡 位 置 图			
照准部水准管轴垂直于竖轴	仪器整平后	旋转180°后	用脚螺旋调整后	用校正针校正后
十字丝竖丝垂直于横轴	检验初始位置望远镜视场图（用×标示目标在视场中的位置）		检验终了位置望远镜视场图（用×标示目标在视场中的位置，用虚线表示目标移动的轨迹）	
视准轴垂直于横轴	盘左读数 L' = 盘右读数 R' = 视准轴误差 $c = \frac{1}{2}(L' - R' \pm 180°)$ = 盘右目标点应有的正确读数： $R = R' + c = \frac{1}{2}(L' + R' \pm 180°)$ =			
横轴垂直于竖轴			$d =$ $D =$ $\alpha =$ $i = \dfrac{d}{2D \cdot \tan\alpha} \cdot \rho'' =$	

班级 _____ 学号 _____ 姓名 _____